南开环韵　五秩风华

冯银厂　祝凌燕　主编

南开大学出版社
天　津

图书在版编目(CIP)数据

南开环韵 五秩风华：南开大学环境学科 50 周年纪念文集 / 冯银厂，祝凌燕主编. -- 天津：南开大学出版社，2025.10. -- ISBN 978-7-310-06747-3

Ⅰ. G659.282.1-53

中国国家版本馆 CIP 数据核字第 2025TK7724 号

版权所有　侵权必究

南开环韵 五秩风华
NANKAI HUANYUN WUZHI FENGHUA

南开大学出版社出版发行
出版人：王　康
地址：天津市南开区卫津路 94 号　　邮政编码：300071
营销部电话：(022)23508339　　营销部传真：(022)23508542
https://nkup.nankai.edu.cn

天津创先河普业印刷有限公司印刷　全国各地新华书店经销
2025 年 10 月第 1 版　　2025 年 10 月第 1 次印刷
240×170 毫米　16 开本　9.5 印张　2 插页　172 千字
定价：60.00 元

如遇图书印装质量问题，请与本社营销部联系调换，电话：(022)23508339

本书编写组

主　编：冯银厂　祝凌燕

副主编：由　佳　王　鑫　张　彤　王海勇　周明华

编　委：李　科　高世哲　屈　楠　朱亚强　田瑛泽

　　　　刘金鹏　宋少洁　田　霄　陈浩宇　岳思睿

　　　　赵山杉　乔乐乐

序

值此南开大学环境学科成立五十周年之际，我谨代表南开大学环境科学与工程学院全体教职员工向长期以来关心支持南开大学环境学科发展的社会各界朋友表示感谢，向为我国生态文明建设做出突出贡献的校友们表示感谢。我们深知牢记历史，方能展望未来，为此我们收集整理了文集，既有著名学者的寄语，也有校友们的珍贵记忆。我相信这是一部镌刻着南开环境人奋斗足迹的史册，更是一曲面向国家需求、激励南开环境学科高质量发展的时代壮歌。

南开环境学科自成立，便承载着"知中国，服务中国"的基因。作为我国综合性大学中最早成立的环境科学系和首个环境科学与工程学院，我们始终以"拓荒者"的姿态推动学科发展。戴树桂教授主编的《环境化学》教材，如星火燎原，奠定了我国环境本科教育的基石；朱坦教授领衔的循环经济研究，推动国家"十一五"规划写入绿色发展理念，成为学科服务宏观决策的典范。从环境化学的单一学科，到"环境科学-工程-管理-生态"全链条体系的构建，再到2024年环境科学与生态学跻身基本科学指标数据库（ESI）全球前1‰，南开环境学科始终以国家需求为坐标，在解决诸如大气污染、土壤修复、新污染物治理等重大挑战中淬炼学科锋芒。

翻开这部文集，跃动的是无数南开环科人的炽热情怀。遍布五湖四海的校友们，或扎根基层守护碧水蓝天，或领军企业推动绿色转型，或投身国际舞台传递中国方案。2016年，首届环境学科校友代表大会凝聚千余校友之力,"南开紫"与"环保绿"交相辉映,织就了一张服务生态文明建设的全球网络。

当前,环境治理正经历深刻变革。习近平总书记在全国生态环境保护大会上强调,全面推进美丽中国建设,加快推进人与自然和谐共生的现代化,为生态文明建设指明了方向,提出了新的要求。我深信南开环境学科一定能秉持"允公允能,日新月异"的校训,践行绿水青山就是金山银山的理念,围绕持续深入打好污染防治攻坚战,加快推动发展方式绿色低碳转型,推进碳达峰碳中和,构建新污染物治理体系等国家重大需求,培养出更多创新人才,产出更多国家急需的科研成果。

五十载栉风沐雨,南开环境学科从渤海之滨的一株幼苗,成长为服务国家绿色发展的参天大树。站在新起点,期待每一位朋友从中感受到南开环境人"秉公能精神,担环保大义"的初心,更期待新一代环科人以"闯"的精神、"创"的劲头、"干"的作风,在科教改革与生态文明建设的浪潮中,续写更加壮丽的篇章!

冯银厂

2025 年 4 月

目 录

第一部分　领航筑梦　学科先贤领航纪实

戴树桂——中国环境科学的先驱与楷模 ………… 吕元元　周舒月 3

携手五十载　共建环境未来

　　——南开大学环境学科发展回顾与展望 ………… 郝吉明 8

奋楫扬帆　行稳致远

　　——在南开大学环境学科创立 50 周年之际 ………… 江桂斌 11

衣带渐宽终不悔　心系环保哪顾虚名 ………… 杨天天　杨　立 16

第二部分　岁月筑基　掌舵破浪光辉足迹

加入并融入南开 ………… 周启星 23

风雨兼程五十载　绿动未来谱新篇

　　——庆祝南开大学环境学科建立 50 周年 ………… 鞠美庭 27

应运而生　借势发展　未来可期 ………… 孙红文 31

栉风沐雨五十载　碧水青山谱华章

　　——南开大学环境学科成立 50 周年志庆 ………… 祝凌燕 35

第三部分　荣耀传承　优秀校友风华回忆录

致敬南开环境保护专业 50 年……………………………蔡　勇 43

母校南开指引了我从事环保事业的方向……………………李金惠 46

南开岁月，青春长歌………………………………………谷　成 51

怀揣南开情，砥砺前行路…………………………………张　珽 54

南开岁月，青春长歌………………………………………鲁　玺 57

南开记忆……………………………………………………杨　欣 61

南开环科五十载：以文明之光，照永续之路………………白宏涛 63

篮球梦，生态魂……………………………………………吴济舟 66

南开回首，倚月看潮生……………………………………刘　文 71

我是爱南开的………………………………………………孔少飞 75

绿韵相伴　情深相随………………………………………许　嘉 78

流水不争　行者必至………………………………………张怡然 81

南开环境学院教给我的一课………………………………陈　熹 86

五十载薪火相传，共忆南开岁月…………………………张　颖 90

常忆南开深教诲，兼备公能展风采…………………………王宇佳 93

海棠花开满了三年，洒满了未来每一条路…………………刘　滢 96

同窗四载情绵长，绿韵润心寝室藏

　……………………………………姚瀚禹　杨汉钊　闫文卿　钟金宇 99

第四部分 青春献礼 在校师生庆贺之声

梦起南开，墨染环境 ………………………………… 纪　凤 105

悠悠绿韵润环境，拳拳期许映学科 ………………… 范英旭 107

我的学院，我的故事 ………………………………… 闵宇玉 111

青春献礼，逐梦未来 ………………………………… 刘　宇 114

温暖的旅程：在南开环境学院的青春记忆 ………… 廖　倩 116

我的青春阅读不只是书 ……………………………… 刘乙晓 119

绿色梦想，南开情怀 ………………………………… 苏芷民 121

微光聚诗　我眼中的南开大学环境科学与工程学院 … 姚溢洁 123

筑梦环境　逐梦未来 ………………………………… 袁嘉彤 126

回馈与成长：我的志愿故事 ………………………… 朱吴斌 129

向下扎根，向上生长；向后回望，向前奋进 ……… 樊　秀 133

一则致环境的故事 …………………………………… 王榕菲 136

我与我 ………………………………………………… 张阳阳 139

第一部分

领航筑梦　学科先贤领航纪实

戴树桂——中国环境科学的先驱与楷模

吕元元　周舒月

戴树桂先生，中国环境科学领域的杰出人物，他的一生如同一颗璀璨星辰，在学术研究、教育事业以及学科建设等诸多方面熠熠生辉，为中国环境科学的发展作出了不可磨灭的贡献。

一、生平经历

戴树桂先生，江苏如皋人，1927年9月22日出生在北京。他于1950年在南开大学化学系完成学业，并选择留在母校继续他的教育事业。在1954—1956年间，戴先生前往北京大学化学系深造，专注于仪器分析领域的学习。学成归来后，他回到南开大学，投身于分析化学专业的建设，并在仪器分析教学与科研方面担任重要角色，其间历任教研室副主任、主任以及化学系常务副主任等职务。1958年9月，戴先生加入了中国共产党。

1983年，戴先生参与组建了环境科学系，并在随后的13年（1983—1996年）间担任系主任。同一时期，他还有过一次重要的国际学术交流经历，即在1981—1982年间，作为访问教授前往美国辛辛那提大学化学系。1986年，戴先生因其在环境化学领域的卓越贡献，被国务院学位委员会批准为该学科的首批博士生导师之一。

1987—1997年，戴先生兼任南开大学研究生院第一副院长，同时还担任校学位评定委员会副主席、校务委员和校学术委员等职务，在学校的学术管理和人才培养工作中发挥了重要作用。

2013年2月16日上午11时20分戴树桂先生因心脏病突发，在天津逝世，享年86岁。他的离去是中国环境科学领域的重大损失，但他留下的精神财富和学术成果将永远激励着后人。

二、学术任职与社会贡献

戴树桂先生在学术领域享有极高的声誉，他的任职经历充分体现了他在环境科学领域的重要地位和广泛影响力。他曾受聘担任国务院学位委员会第三届和第四届化学学科评议组成员、首届环境科学与工程学科评议组召集人，为我国环境科学学科的规划与发展提供了重要的决策支持。他还担任原国家教委高校首届环境科学教学指导委员会副主任、原国家教委科技委员会地理、大气、海洋和环境学科组成员、国家自然科学基金委化学部分析化学学科评审组成员等职务，积极参与国家层面的科研规划与项目评审工作，推动了我国环境科学研究的规范化和科学化发展。

在学术刊物方面，他曾任《环境化学》《环境科学学报》《中国环境科学》《中国环境监测》《农业环境科学学报》《生态环境》和《城市环境与城市生态》等学术刊物编委，为环境科学领域的学术交流与成果传播贡献了自己的力量。他不仅在国内学术界发挥着重要作用,还积极参与国际学术事务,担任国际环境毒理学与化学学会亚太地区理事等职务,提升了中国环境科学在国际上的知名度和影响力。

三、教育事业成就

(一)学科建设与教材编写

戴树桂先生长期奋战在高等人才培养的第一线,为我国环境科学学科的建设与发展做出了开创性的贡献。自20世纪70年代起,戴先生通过社会实践深刻认识到环境科学及其教育的重要性。1975年,在南开大学的鼓励和支持下,他主持创建了环境保护专业,并于1983年进一步发展,主持建立了我国综合性高等院校中最早的环境科学系。1986年,经国务院学位委员会批准,南开大学成为首批环境化学博士学位点。1998年,南开大学环境学科被评为我国首批环境科学与工程一级博士/硕士学位授权单位和一级博士后流动站,2001年又被评为首批环境科学国家重点学科,戴先生为南开大学环境学科的发展奠定了重要的基石。他不仅作为南开大学环境科学学科的创始人,还多次参与国家计委、科委、教委和国家自然科学基金委等主管领导部门安排的环境保护相关国家重点实验室的组建调研、验收和评估工作,为我国环境科学的学科发展和环境国家重点实验室的建设做出了不可磨灭的贡献。

他重视环境科学学科的人才培养体系和教材建设,主编了我国第一本环境化学教材,为规范环境科学学科早期人才培养作出了重要贡献。1995年,他主编的面向21世纪教材《环境化学》荣获教育部科技进步二等奖;该书第二版被列为普通高等教育"十一五"国家级规划教材,并于2009年被评为国家级精品教材,2012年被列为"十二五"规划教材。两版《环境化学》教材累计印刷量达30余万册,被我国高等学校环境学科广泛采用,为我国环境科学的高级人才培养作出了巨大贡献。

（二）研究生教育与人才培养

在研究生教育方面，戴树桂先生注重学生创新能力的培养，他严谨的治学态度和渊博的学识深深地影响着每一位学生。他培养了我国第一位环境化学博士，多年来共培养博士后 4 名、博士生 30 余名和硕士生 50 余名。这些毕业生在各自的岗位上发挥着重要作用，成为我国环境保护事业的重要骨干力量，还有多名学生在国外大学或机构中担任重要职位，他们在国内外环境科学领域传承着戴树桂先生的学术思想和精神风范。

四、科研贡献与成果

戴树桂先生以其对科学研究的深厚热爱和不懈追求，致力于学术领域的深耕细作，不断探索新知，取得了显著的学术成就。他的研究涉及污染物的形态分析与表征、水环境化学——特别是在水体中有机和金属有机化合物的研究、空气污染化学以及复合污染化学等多个方面。早在 1975 年，戴先生就投身于"蓟运河水源保护和流域污染防治"的研究工作，并在此后的科研生涯中，承担了包括"天津市南排污河自净能力与提高自净能力技术措施的研究""天津污水处理厂二级出水回用研究"和"滇池水源地水源保护措施与技术研究"等多项国家级科技攻关项目。他也是最早涉足持久性有机污染物研究的学者之一，强调了复合污染物在多介质环境中行为研究的重要性，并因此获得了"有毒化学品多元复合体系的多介质环境行为研究"和"黄河兰州段典型污染物迁移转化特性及承纳水平研究"等国家自然科学基金重点项目的支持。在推动环境化学研究方面，戴先生与其他科学家共同承担并完成了我国首个环境科学类国家自然科学基金重大项目"典型化学品在环境中的变化及生态效应"。他主持、参与并完成了超过 30 项科研项目，包括国家自然科学基金委的重大、重点项目和面上项目，国家科技攻关项目，国际合作项目以及博士点专项基金等。这些项目的成果，与众多环境科学家的研究成果一道，提升了我国环境科学的研究水平，并推动了环境科学基础理论的确立和发展。

在环境化学领域，戴树桂先生的研究成果丰硕，发表了 280 余篇学术论文，获得了国际同行的高度评价，并多次受邀为美国、加拿大和欧盟科学家主编的专著撰写章节。他还主编了十余部著作、教材和译著。作为我国环境化学学科的奠基人之一，戴先生在"十五"期间应朱道本院士之邀，参与了"十五"国家重点图书"化学进展丛书"的编写工作，并负责主编其中的《环境化学进展》专著。他的科研成就为他赢得了诸多荣誉，包括国家自然科学二等奖、三次国家科学技术进步奖二等奖。1988 年，他被评为天津市劳动模范；1990 年，被国家教委和科委联合授予全国高等学校先进科技工作者称号；1995 年，被原国家环保局评为环境教育先进个人；自 1992 年起享受国务院政府特殊津贴。

戴树桂先生的一生，是不懈追求、无私奉献的一生；是诲人不倦、教书育人的一生；是探索创新、硕果累累的一生。他的精神风范，是南开大学"允公允能、日新月异"校训的最好诠释和集中体现。他是中国共产党的优秀党员，终生践行党的宗旨和奋斗目标；是我国环境学界的杰出代表，是中国知识分子的榜样和楷模；更是党和人民信赖的教育家、学者和科学家，是学生心目中的好教师。他的逝世是我国环境科学领域教育界、科技界的重大损失，但他的学术思想、精神品质和教育理念将永远激励着后来者，为我国环境保护事业的发展和环境科学的进步继续贡献力量。

（校对：高世哲　田瑛泽）

携手五十载　共建环境未来

——南开大学环境学科发展回顾与展望

郝吉明

人物简介：郝吉明，中国工程院院士，清华大学环境学院教授，教育部长江学者奖励计划首批特聘教授（1999—2004）。郝吉明院士的主要研究领域为能源与环境、大气污染控制、温室气体减排、循环经济。研究成果创新了酸沉降临界负荷理论，提出的"两控区划分方案"与配套技术政策被国家采纳与实施，推动了我国酸雨和二氧化硫污染问题基本解决；构建"车-油-路"一体化的机动车排放污染综合管理控制体系，持续推动中国机动车排放控制水平与先进国家接轨；发展了特大城市空气质量改善的理论与技术方法，推动我国区域性大气复合污染的联防联控，为大气重污染成因与治理研究作出贡献。获国家科学技术进步奖一等奖2项、二等奖2项，国家自然科学奖二等奖和国家技术发明奖二等奖各1项。荣获哈根-斯密特（Haagen-Smit）清洁空气奖和光华工程科技奖，2020年获全国"最美科技工作者"称号，2022年荣获第十一届中华环境奖。2023年获中国环境科学学会首届荣誉会士称号。

风雨兼程五十载，南开大学环境学科自 1973 年成立以来，历经半个世纪，建设发展成为中国环境科学领域的重要学科基地，为国家生态文明建设和可持续发展事业作出了突出贡献，书写了辉煌篇章。五十载岁月，几代南开环境人肩负使命、矢志不渝、潜心钻研，以更加坚定的步伐迈向未来。

一、初创与发展：学科建设奠基石

南开环境学科成立之初，人才匮乏、资源有限，发展道路举步维艰，面临严峻挑战。然而，南开人凭借坚韧不拔的精神，深耕基础、勇攀前沿，以科学研究和技术创新为引领，逐步构建起完备的学科体系。无论是在水处理、大气污染控制，还是土壤生态修复等领域，南开环境学科始终紧跟时代步伐，紧贴国家需求，融合学科特色，开创了富有创新性的研究方向，并在全国环境学科中率先起步，积累丰硕成果，为学科发展奠定了坚实的基础。

二、科研创新：生态文明谱新篇

五十年来，南开环境学科不仅在学科建设上成效显著，更在科研创新上取得了累累硕果。学院的科研工作始终围绕国家生态文明战略需求，聚焦环境污染防治与资源可持续利用。通过跨学科协作，南开环境人在水体污染治理、大气环境质量改善、生态系统保护等领域不断取得突破，为国家政策的制定和环境问题的解决提供了坚实的理论支撑。尤其是在近年来，南开大学环境科学与工程学院在气候变化、生物多样性保护等全球热点问题上取得了宝贵的研究成果，获得学术界的广泛赞誉，并在国家重大科研项目中屡获佳绩，彰显了南开大学在环境科学领域的卓越地位。

三、人才培养：环保创新育人才

南开环境学科始终秉持"育人为本、学术为先"的理念，致力于培养具备国际视野的环保人才。五十年来，学院培养了一批批志向高远、勇于创新的环境科学专才，在政府部门、科研院所、企业和国际组织等多个领域，为中国乃至全球的环境保护事业贡献力量。南开环境学科以开拓性的教育模式，创新性的科学研究，为社会培养了大批理论与实践兼备的环保人才。

四、未来展望：可持续发展创新高

五十年的积淀为南开环境学科迈向未来打下坚实基础。展望未来，南开环境学科的发展将继续秉承南开大学"允公允能，日新月异"的校训，在环境保护与可持续发展的道路上，深化国际合作，推动学科交叉融合，培育更多具备全球视野的环保人才。同时，将继续聚焦绿色低碳、生态文明建设等国家重大需求，进一步增强科研创新能力，积极参与国际学术交流与合作，力求在应对气候变化、修复生态系统等全球性环境问题上贡献南开智慧。南开环境学科五十载发展历程，既是一部环境学科成长史，也是中国环境保护事业发展的缩影。作为一名环境科研工作者，我深知学术之路道阻且长，但我相信，南开大学环境科学与工程学院将在未来的岁月里，在科学研究与社会服务各领域继续书写新的辉煌。愿南开环境学科以五十年为新起点，再接再厉，砥砺前行，为构建人与自然和谐共生的美丽中国贡献更加卓越的力量！

（校对：高世哲　田瑛泽）

奋楫扬帆　行稳致远

——在南开大学环境学科创立 50 周年之际

江桂斌

　　人物简介：江桂斌，中国工程院院士，中国科学院生态环境研究中心研究员。现任中国科学院生态环境研究中心主任，中国化学会副理事长，中国毒理学会副理事长，《环境化学》杂志主编，国际著名杂志《环境科学与技术》(Environmental Science & Technology) 副主编。江桂斌院士的主要研究领域为环境分析化学、污染机制和生态毒理学研究，在 SCI 收录杂志发表论文 500 余篇。曾担任两期国家 973 POPs 项目首席科学家，国家基金委重大基金项目和创新群体学术带头人。江桂斌院士以第一完成人身份获国家自然科学二等奖 2 项。1998 年获国家杰出青年科学基金，2001 年获中国科学院青年科学家奖，2007 年获长江学者成就奖，2013 年获安捷伦公司"思想领袖奖"和中国科学院杰出成就奖。

1973 年，南开大学开始筹建环境学科，并于 1975 年在化学系中成立环境保护专业。前段时间祝凌燕院长联系我，让我写点文字，以表庆贺。尽管勉为其难，然而恭敬不如从命。

20 世纪 70 年代初，我国当时积累的环境污染问题集中出现，如北京官厅水库、湘江、蓟运河、松花江等地的污染事件。在周总理的领导下，1973 年 8 月，第一次全国环境保护会议在北京召开，这次会议标志着环境保护开始列入各级政府的职能，拉开了我国环境保护事业的帷幕。会议之后，从中央到地方，相继成立了环境保护机构，开始了针对工业"三废"对水源和空气造成的污染进行调查。而在此前的 1972 年，联合国环境规划署（UNEP）成立，这是人类发展历史的重要里程碑。在国家需求和国际环境科学快速发展的大背景下，我国部分研究机构和高校的环境化学、环境保护、环境工程等学科应运而生。继 1975 年设立环境保护专业，南开大学 1983 年成立了环境科学系，为我国高等学校环境学科的建设和本科教育的早期发展做出了重要贡献。

环境化学是南开大学环境学科的重要起点，早在 1981 年就获得环境化学硕士学位授予权，对我国高等学校环境科学的早期形成、创建与发展，起到了促进和引领作用。1986 年 7 月国务院批准发布了第三批博士生招生资格单位名单，北京大学、南开大学和中国科学院环境化学研究所（1986 年改名为生态环境研究中心）被批准为环境化学博士点，具有招收博士研究生资格。蔡勇教授是南开大学戴树桂老师招收的第一个博士研究生。我本人也是环化所招收的第一批环境化学博士研究生。而在当时，我们互相不认识。

五十年弹指一挥间。我国环境科学从应运而生，到跨越发展，已经取得了巨大进步。我本人 1977 年底恢复高考时报考的分析化学专业，大学毕业论文内容是改进 COD 的测定方法。1984 年 9 月考入中国科学院环境化学研究所，从此与环境化学结缘，如今也有 40 个年头了，也经历了我国环境科学发展的大部分时光。从事独立科研以后，有幸在 20 世纪末大约是 1997—1998 年开始参加基金的评审，也由此认识了环境化学界的许多老先生，如唐孝炎老师、戴树桂老师、王连生老师和顾国维老师等。记得大约在2000年9月中国化学会环境化学专业委员会成立前夕的一次有毒化学品安全风险评估学术研讨会上，听到戴树桂老师等许多老先生的发言受益很大。早在1995年，戴树桂老师就出版了《环境化学》教材，成为我国环境科学教材的经典。2001年6月由徐晓白院士牵头成立的中国化学会环境化学专业委员会，戴树桂老师和王连生老师等都是专业委员会的主要成员。2006年1月13日，由我牵头的美国化学会《环境科学与技术》期刊亚洲分部（Environmental Science & Technology Asian Office）在北京成立，南开大学戴树桂老师、祝凌燕老师应邀参加，给予莫大的关怀与支持。祝凌燕教授曾经在印第安纳大学罗纳德·海茨（Ronald Hites）实验室做过博士后，而罗纳德·海茨（Ronald Hites）教授在1990—2018年担任《环境科学与技术》（ES&T）副主编，是编辑队伍中处理稿件最快的副主编之一，广受读者尊重。《环境科学与技术》期刊亚洲分部（Environmental Science & Technology Asian Office）开张时，祝凌燕教授刚刚加盟南开大学，她的导师李贤基教授（Lee Hian Kee）也是我的朋友和专业同行。2007年9月，戴树桂先生80大寿时，孙红文老师安排来北京接我们去南开，当时我应邀做了"新型环境污染物研究进展和一些思考"的报告。2009年5月第五届全国环境化学大会在大连闭幕，年逾八旬的戴树桂老师和王连生老师一起给获奖研究生发奖，戴老师的即兴总结发言声音洪亮、富有激情，给与会的年轻学者以极大鼓舞。21世纪初，南开大学环境科学与工程学院黄国兰老师安排她招的研究生金星龙在我课题组完成博士论文工作，2004年5月顺利答辩，几年的时间我和黄老师的合作非常愉快。朱坦老师长期担任学院院长，虽然专业方面交流不多，但每次见到朱老师，他都笑容满面，鼓励青年学者进取。2006年以来，学院继往开来，先后由周启星、孙红文、祝凌燕等担任院长，学院工作取得很大进步。2006年，我去莱斯大学（Rice）参加环境纳米技术与应用的学术研讨会，陈威去机场接我，得知他已经在莱斯大学毕业后就职南开大学环境科学与工程学院。此后，我们一直在环境纳米技术研究、重点实验室、国际合作等方面有着密切的合作。张彤老师 2016 年初从美国留学归来入职南开。2018 年 5 月和陈威一起组织了国际高峰论坛：污染场地地下修复中纳米技术与先进材料的机遇与挑战（Opportunities and Challenges for Nanotechnology and Advanced Materials for Subsurface Remediation of Contaminated Sites），这个论坛邀请了许多美国环境领域的著名教授，由我和佩德罗（Pedro）教授担任联合主席。2019 年南开大学承办第十届全国环境化学大会，汪磊老师负责所有中方参会人员，张彤老师则负责所有外籍参会人员的安排。在这前后熟悉的青年学者还有张承东、罗义、展思辉等等，他们都在自己的领域非常活跃，有所建树，成为南开环境的中坚力量。2013 年，为了铭记和纪念戴树桂先生对于环境化学的贡献，《环境化学》期刊专门编辑出版了"为环境科学及其教育事业不懈奋斗的学者"专刊，孙红文老师领衔了专刊编辑，并撰写了"一树桂香满人间"的纪念文章。

"逝者如斯夫，不舍昼夜"。转眼之间，南开大学环境学科走过了 50 年的辉煌历程，我国环境科学研究也已经进入知天命的岁月，各个高校和研究所在学科和人才队伍建设、重点实验室建设、支撑国家生态环境战略目标、提升国际影响力等方面八仙过海，顶天立地，开创了前所未有的新局面。沧海桑田，未来可期。当然，我们也应该冷静客观地看待环境学科发展的成绩，看到我们与传统优势学科的差距，看到当前若干不利于学科进步、科研创新和人才队伍发展的因素。如何使青年学者静下心来，心无旁骛地从事科研教学工作，如何避免科学研究中的急功近利和夸大成果的倾向，如何严谨学术，避免学术不端事件的发生，等等，都是环境学界面对和亟须解决的问题。

今后若干年，我国环境污染规律之认知，环境污染治理技术之创新和环境污染与人体健康之关联等等研究都会是我国社会经济高质量发展的重大需求。环境科学与技术和环境健康研究的理论性、系统性和开创性都处于发展之期。壁立千仞,基础为要!环境学科的发展机遇无限,时不我待。

"北海虽赊,扶摇可接。"祝愿南开大学环境科学与工程学院中青年一代学者与我国其他高校和研究所的中青年学者携手并肩,扛起环境科学与技术发展、服务国家目标、走向国际的崇高使命。奋楫扬帆,行稳致远!

(校对:高世哲 田瑛泽)

衣带渐宽终不悔　心系环保哪顾虚名

杨天天　杨立

人物简介：朱坦，南开大学教授，博士生导师。曾任南开大学环境科学与工程学院院长、第九届全国人民代表大会代表，第十届全国政协委员，天津市第十一届政协副主席，国务院学位委员会第五届学科评议组环境科学与工程评议组成员，教育部"985工程"循环经济哲学社会科学创新基地首席专家。主要研究领域为大气污染防治、环境评价与管理、循环经济、低碳发展和城市生态等。在国际上最早提出城市颗粒物源解析中"扬尘"的概念，促进了我国大气污染防治工作从传统工业污染源为主向工业污染源与城市建设和管理并重的转变，主持《我国城市扬尘污染控制技术规范》的制定，在随后的研究和应用实践中形成了城市大气颗粒物环境保护规划和影响评价的独特技术方法，形成了我国特色的大气污染源解析技术。至今共主持或参加国家自然科学基金项目、国家社科重大项目、863计划项目、国家科技支撑项目、国家科技攻关计划课题等70余项，发表学术论文200余篇，获得省部级奖20多项，2002年获第六届"地球奖"。

岁月悠悠，衰微只及肌肤，而热忱如初如新。朱坦教授——南开大学环境科学与工程学院杰出教授，在环境保护领域辛勤耕耘六十余载，积极建言献策，不断推动环境技术的创新和环境政策的实施，并通过创办研究平台助力学科专业发展。即使已年过八旬，老先生依然心系当下与未来，常向南开的年轻学子们发问："人类的生存环境存在的主要问题是什么？今后该怎么搞环保？"走近朱坦教授，我们不仅能够感受到一位科研人的执着追求，更能深刻理解一名真正环保人的精神风貌。

立业，投身环保的先导者

"竹外桃花三两枝，春江水暖鸭先知。"苏轼在江苏靖江写下了《惠崇春江晚景二首》。1943年7月，朱坦出生于这片美丽土地。19岁时，他考入南开大学，主修生物系的动物与动物生理专业。毕业后，他在天津市卫生防疫站工作，从事区域环境卫生与污染治理。期间，他历时九年深入开展环境质量评价研究，主持了我国最早的环境质量评价项目。

1979年4月，朱坦应老师之邀回到南开大学任教。随后，他加入了国际生态系统管理研究生进修班，深入了解环境保护领域的国际前沿研究动态。这一经历不仅开阔视野，增强信心，他说自己的外语水平也在频繁的学术交流中显著提升。这段宝贵的经历为他在日后教学、科研及国际交流方面的顺利发展奠定了坚实的基础。

1983年，南开大学成立环境科学系，朱坦担任讲师，从事环境影响评价、大气颗粒物源解析及循环经济领域的研究。1998年，南开大学进一步成立了环境科学与工程学院，朱坦任首任院长。作为南开大学环境学科成长与发展的见证人和参与者，他也在这一路同行中留下了辉煌成就。

耕耘，引领发展的领路者

凭借其敏锐的洞察力，他较早地开设了环境质量评价和环境影响评价两门课程，并创立了南开大学环境规划与评价所。他深感环境影响评价在环境管理中的重要性，并坚信这一领域将迎来更为广阔的发展空间。因此，在他的引领下，南开大学成为首批通过国家环保总局评审并获得国家甲级环境影响评价资格证书的高等院校之一。

朱坦在大气颗粒物源解析领域的开创性探索始于北京大学图书馆的三个不眠之夜。三天的冥思苦想，他终于找到了灵感。为了弥补大气颗粒物扩散模型的局限性，他最早提出大气颗粒物受体模型。在传统受体源解析模型的基础上，他又进一步提出"二重源解析"的理念，自主研发了源解析技术软件及监测采样仪器设备，并将其成功应用于城市大气污染治理与环境规划之中。

面对日益复杂的环境挑战，朱坦带领南开大学团队在源解析技术领域持续开拓深耕，不断引领中国大气颗粒物源解析发展新方向，加速国家大气污染防治研究的步伐。

建言，为国为民的服务者

1998年，朱坦当选为第九届全国人大代表，后担任第十届全国政协委员。在此期间，他积极投身于我国生态环境建设和循环经济发展的工作中，提交可供参考的议案、提案及建议等达上百余件。

立足顶层设计，开展环境影响评价，实现多维并举。凭借在环境评价影响领域深耕多年的经验与研究，他认识到，"单从建设项目这一层面上开展环境影响评价是不够的，很多环境问题是由规划、决策的失误引起的"。于是，在全国人大九届三次会议上，他先后提出了《关于在我国开展重大社会经济政策战略环境评价的建议》和

《尽快出台环境影响评价法，推进城市总体规划环境影响评价》议案。

根据国内现状，大力发展循环经济。受到国外循环型社会建设的启发，朱坦在全国人大九届五次会议上详细阐述了发展循环经济的理念，并提出《关于制定和完善我国资源回收利用法》的议案。随后，他率领研究团队从战略、机制、政策法规以及产业技术支撑体系等多个维度深入探索循环经济的发展路径，为推动循环经济立法作出重要贡献。

2008年8月，《中华人民共和国循环经济促进法》正式审议通过。得知这一消息，他激动万分，表示："在我国，循环经济从一种理念转化为国家战略和政策并到立法，历时仅有几年时间。这是践行科学发展观、实现人与自然和谐发展的一种务实并具体的经济实践。"

育人，授业解惑的布道者

四十余载，培育英才。朱坦从事教学与科研逾四十载，其间共培养了51名博士研究生和71名硕士研究生。听学生们讲，老先生常告诫他们："在学术研究上，要有求真务实的态度。求真，就是在实践中，识别问题、了解问题的本质；务实，就是不断提升自身能力，以期高效地解决实践中的问题。"秉持着求真务实的精神，朱坦为我国环境领域输送了一批又一批的优秀人才。许多学生毕业后选择留任南开，为国家的环保事业贡献智慧与力量，实现烛火传承。

桃李芬芳，教泽绵长。当我们走进朱坦教授的家时，他精神矍铄，热情地与我们分享那些充满激情的往日时光。翻阅着旧日的照片，谈及每一位学生的成长与成就，他的眼中闪烁着无比的骄傲与自豪。纪念册上密密麻麻地记录着学生们对老师的感激之情："在您的言传身教中，我看到了教书育人的最高境界。您常说'做人最重要的是认真'，这句话成就了今天的我。"

寄语青年，继往开来。面对年轻一代，朱坦教授深情地说："你们要自信,要为自己选择环境这个专业而感到骄傲,也一定要深深地热爱这个专业。我们从事环境保护工作的人,是在切实地为人类的生存问题而考虑,有什么比珍惜生命更重要呢?搞好环境,是挑战,也是使命,更是我们作为地球人的任务。"以此勉励新一代的环境人。有如此榜样,后辈岂敢懈怠?

(校对:高世哲 田瑛泽)

第二部分

岁月筑基　掌舵破浪光辉足迹

加入并融入南开

周启星

人物简介：周启星，南开大学教授，博士生导师，南开大学环境科学与工程学院学术委员会主任、碳中和交叉科学中心主任，曾任南开大学环境科学与工程学院院长。2002年获国家杰出青年科学基金，2004年受聘教育部长江学者特聘教授。2015年、2017年和2021年分别入选中国科学院院士有效候选人，国务院学科评议组成员，教育部科技委学部委员。他主要从事环境科学与工程、生态地学以及资源循环科学与工程等方面的科研与教学工作。在国内外重要学术期刊发表论文700余篇，主编/共同主编著作10余部。连续10年入选爱思唯尔中国高被引学者，入选全球性学术评估平台（ScholarGPS）发布的全球前0.05%顶尖科学家终身榜单。以第一完成人，获天津市自然科学奖特等奖、教育部自然科学奖一等奖和辽宁省自然科学奖一等奖以及中国青年科技奖、钱学森城市学金奖等奖项10余项。

我于 2002 年获得国家杰出青年科学基金资助，在南开校友、著名地球化学家刘东生先生的指引下，加入了南开大学。那次，我去中国科学院院部进行中国科学院知识创新工程重要方向项目"东北黑土农田生态系统潜力、稳定性与环境安全性研究"的答辩，刘先生是专家组组长。答辩后他通过时任中国科学院资环局刘健处长找了我，其中谈到让我有机会选择加入中国环境科学的摇篮——南开大学。

我到南开大学工作后，学校对我非常重视。经过考察，于 2005 年年底，我出任环境科学与工程学院院长。尽管我那时曾担任过中国科学院沈阳应用生态研究所污染生态研究室的副主任，正在担任中国科学院陆地生态过程重点实验室主任，有一定的管理经验，但对担任院长还是心有余悸，怕干不好，薛进文书记、侯自新校长、耿运琪副校长、朱坦老院长和前辈戴树桂老先生先后找我谈话，给我鼓劲。在学校的全力支持下和班子成员的共同努力下，经过全院师生的艰苦拼搏、奋斗，学院工作得到了进一步发展，人才队伍建设也上了一个新的台阶。孙红文、祝凌燕和陈威等南开自己培养的学生，也分别获得国家杰出青年科学基金资助或教育部长江学者特聘教授等荣誉。

南开理科以数理化见长，室内分析和室内实验研究等优势明显，然而，缺乏野外观测点、实验站和野外研究场地。这对环境科学特别是环境地球科学、生态学等学科的进一步发展形成了实质性制约。

作为学院院长，我深知解决这些基础性问题的重要性，却也面临着巨大挑战。初期我们曾尝试借用泰达学院的场地搭建温室，然而随着泰达校区二期建设计划的搁置及高昂的运营成本，这一方案最终未能持续。2017 年卸任院长职务后，我得以全身心投入野外观测站的建设工作。在地方政府和企业的大力支持下，我们成功建立了南开大学长兴碳中和生物野外科学观测站，为相关领域的科学研究提供了重要平台支撑。

（摄于2017年4月初，周启星教授考察了包括浙江省长兴县及其周边地区，并在当地开展了植物和微生物固碳能力的研究。随后，相关的系统观测工作随之开始）

（摄于2017年夏，周启星教授在当地多方考察后，与观测站建设负责人商议进一步推进野外观测站建设事宜）

（摄于2023年11月17日，浙江省长兴县相关领导听取了南开大学碳中和交叉科学中心主任兼观测站站长周启星教授关于系统开展碳中和生物观测研究的相关报告）

（校对：高世哲　田瑛泽）

风雨兼程五十载 绿动未来谱新篇

——庆祝南开大学环境学科建立 50 周年

鞠美庭

人物简介：鞠美庭，南开大学教授，博士生导师，国务院政府特殊津贴专家，天津市有突出贡献专家，天津市劳动模范，天津市课程思政教学名师，天津市师德先进个人，天津市教学名师，国家一流专业、国家级教学团队、国家精品课程/共享课负责人。曾任南开大学环境科学与工程学院党委书记，现任生物质资源化利用国家地方联合工程研究中心（南开大学）主任、教育部高等学校环境科学与工程教学指导委员会副主任、天津市生态道德教育促进会会长等职。主要研究方向为环境管理与经济、固废资源化技术、产业生态学等。发表学术论文 200 多篇，申请国家发明专利 100 多项，出版专译著 30 余部，以第一完成人获天津市科技进步奖一等奖 2 次、天津市教学成果一等奖 3 次以及中国产学研合作创新成果一等奖等奖励。

五十载风雨兼程，南开大学环境学科如一棵参天大树，根深叶茂，在岁月的洗礼中不断成长。值此环境学科建立 50 周年之际，我们回顾历史，总结经验，展望未来，以更加坚定的步伐，迈向新时代生态文明建设的新征程。

一、崭露头角：薪火相传，奠基绿色事业

自 1973 年南开大学涉足环境科学领域以来，我们的学科便如一颗种子，在时代的土壤中生根发芽。1983 年，环境科学系正式成立，戴树桂先生担任首任系主任，拉开了我国综合性大学建设环境学科的序幕。1998 年，环境科学与工程学院应运而生，朱坦教授担任院长，为学科的快速发展奠定了坚实基础。

在这半个世纪里，我们见证了学科从最初的摸索前行，逐渐枝繁叶茂。2000 年，学院成为首批环境科学与工程一级学科博士/硕士学位授权点单位，并设立博士后流动站。2001 年和 2007 年，环境科学两次被评为国家重点学科，彰显了我们在学术界的领先地位。学院悉心培养的众多杰出校友，群英璀璨绽放着耀眼光芒，在国内外环境保护和可持续发展的宏图中，扮演着举足轻重的角色，为南开环境学科赢得了广泛赞誉。

二、卓有成效：创新驱动，引领绿色发展

近年来，南开大学环境科学与工程学院在学科建设、师资力量、科研成果与平台建设等方面取得了显著成就。

在学科建设方面，学院持续深耕，不断壮大师资力量，汇聚了一支实力雄厚的师资队伍，其中包括多名国家杰出青年科学基金获得者、教育部新世纪人才等顶尖学者。他们不仅在三尺讲台上精益求

精，致力于培养未来的环保人才，更在科研领域不断突破，取得了丰硕的成果；学院注重培养学生的创新精神和实践能力，通过开设跨学科课程、加强实践教学和科研训练等方式，培养了一批批具备绿色科技素养和创新能力的高素质人才，他们在国内外环保领域，为推动全球可持续发展做出了积极贡献。

在科研创新方面，学院聚焦于环境化学与污染诊断、污染生态与分子毒理、空气颗粒物污染防治等前沿领域，依托生物质资源化利用国家地方联合工程研究中心、环境污染过程与基准教育部重点实验室等多个省部级重点实验室及工程中心，取得了多项突破性进展。近年来，学院成功研发了多项具有自主知识产权的环保技术和产品，并在实际应用中取得了显著成效，展现了绿色科技的强大力量。

在党建引领与创新发展方面，学院积极贯彻落实党的二十届三中全会精神和习近平总书记视察南开大学讲话精神，注重党建引领，提高全院师生的政治站位和责任意识，以"绿水青山就是金山银山"的理念为指引，积极推动和加强与国内外知名大学和研究机构的合作与交流，不断提升学科的影响力。

在社会服务与公益活动方面，学院展现出应有的社会责任感，通过举办科普教育、志愿服务等活动，提高了公众对环境保护的认识和参与度，凝聚了构建生态文明社会的公众力量；学院还与多家企业携手合作，共同研发和推广环保技术和产品，不仅提高了企业的生产效率和产品质量，还降低了能耗和排放，实现了经济效益和环境效益的双赢。同时，学院还积极参与国际环保合作和交流，推动绿色科技的跨国应用和共享，展现了中国环保科技的实力与担当。

五十载春华秋实，风雨兼程，南开大学环境学科在时代的浪潮中茁壮成长，由一株幼苗蔚然成林，展现出了蓬勃的生命力与卓越的影响力。今日，我们自豪地站在这一辉煌历程的新起点上，心中满怀对未来的无限憧憬与坚定信念。面对生态文明建设的时代召唤，我们将以更加坚实的步伐，踏过荆棘，越过山川；以更加昂扬的斗志，迎接挑战，开拓前行。这是一场关乎绿色家园、关乎民族未来的伟大征程，需要我们每一个人携手并肩，共同努力。让我们以南开大学为基点，汇聚智慧与力量，为守护绿水青山、建设一个天蓝、地绿、水清、人与自然和谐共生的美丽中国，贡献南开力量。在新的征途上，让我们不忘初心、牢记使命，继续开拓未来，共创辉煌！

（校对：高世哲　田瑛泽）

应运而生 借势发展 未来可期

孙红文

人物简介：孙红文，南开大学教授，博士生导师，南开大学科学技术研究部部长，教育部长江学者特聘教授、国家杰出青年基金获得者、万人计划科技领军、百千万人才工程国家级人选、享受国务院政府特殊津贴专家。担任中国环境科学学会新污染物治理专业委员会副主任、中国地理学会环境地理专业委员会副主任、中国土壤学会常务理事等学术职务。主要研究方向为痕量新有机污染物的区域污染特征与环境界面化学、人体暴露与健康风险、受污染环境修复材料与技术。主持国家重点研发计划项目（2项）、973计划课题、863前沿探索等各类科研项目50余项，发表论文600余篇，获得发明专利授权24项，编写专著及教材10余部。以第一完成人获省部级一等奖2次、二等奖1次，参与获得省部级二等奖4次。

岁月悠悠，五十载栉风沐雨，五十载春华秋实。峥嵘岁月，你我共鉴。热烈祝贺我敬爱的南开大学环境学科五十华诞！

1975 年，在联合国人类环境宣言颁布两年后，南开萌生了环境学科，在化学系成立了环境保护教研室。1983 年，南开大学成立了环境科学系，正式招收环境学科本科生，这是我国综合性大学最早成立的环境科学系。我 1985 年从南开中学考入南开大学化学系学习，当时环境科学系环境化学专业的学生也跟我们一起上课，所以，在我心里也逐渐萌生了环境保护的意识。在 1991 年，当我硕士二年级获得转攻博士机会时，我就报考了环境科学系，师从戴树桂教授，从事环境化学研究。开启了我与南开环境学科共生长、共荣辱的征程，至今也有三十余年了，我总结为"3+1"个十年。

第一个十年是我学习的十年。在我求学时期，系里的实验条件还是比较简陋的，但这阻挡不了学校要给予学生与世界接轨的教育，要指导学生做世界前沿的选题。我的一门专业课就是精读一本英文学术专著；而我的博士论文是国家自然科学基金委第一个环境科学的重大项目的一部分，以这个项目成果为主，获得了 2005 年国家自然科学二等奖。我的论文关注了一种生物防附着油漆的活性添加剂—有机锡在河口食物链的富集及其结构－活性关系。由于我们提出了创新性的新认识，所以博士论文成果很顺利发表在国际杂志。我也在毕业不久，就成为环境科学领域顶级杂志《环境科学与技术》（Environmental Science & Technology）的审稿人，当时还没有便捷的网络，文稿纸质文件和审稿意见都要跨洋越海地邮寄。我 1994 年博士毕业，就留校工作了。1999 年学院派我到日本大阪大学从事博士后研究 2 年。

第二个十年是我成长的十年。2001 年我从日本回国，南开大学也在 1998 年成立了环境科学与工程学院，迎来了重要发展时期。得到学院领导和前辈老师们的支持和帮助，我在 2002 年就担任了学院副院长，也一直在向各位老先生学习。我主讲了学院最重要的本科生课程《环境化学》，令我感到惭愧的是，由于科研和行政工作担子比较重，当时并没有意识到这门课程其实比科研项目更能承载南开大学环境学科的发展史。因为，从20世纪70年代，我们刚开始筹建环境科学专业时，就开始了《环境化学》教材和课程建设，为我国环境科学本科教育的规范化作出突出贡献。直到我在2008年获得全国模范教师称号，才认真考虑怎么对得起国家给我的荣誉，首先要发扬光大这门课程。幸好在大家的持续努力下，这门课程连续入选国家级精品课、精品资源共享课、线上一流课程。在2006年，我非常有幸参加到戴树桂教授主编的《环境化学》第二版的写作组中；最近，我承担巨大压力，主持完成了《环境化学》第三版的改编工作。

第三个十年是我奉献的十年。学院培养了我，我也一直积极回报奉献学院。在担任学院副院长14年之后，我在2017—2021年担任学院院长。在大家同心同行下，这四年，学科得到了快速发展，在上海软科的排名从12名持续进步到第8名，并在第五轮学科评估中取得重要突破。我个人也在学术上取得显著进步，获得国家杰出青年基金资助（结题时获得优秀）、入选教育部长江学者、万人计划中青年科技领军，领衔获得两个省部级一等奖以及国家教学成果二等奖。在学校百年校庆之际，我还荣幸地作为教师代表，受到习近平总书记的接见，这是学院给我的荣光。

第四个十年是我职业生涯最后阶段，也已走过了3年。目前，我已经培养了上百名研究生，还有很多优秀的本科生也在我实验室学习。很多学生在海内外大学、科研机构任职，已经有一名入选教育部长江学者、三名入选国家（海外）优青、一名入选青年拔尖、一名入选青年长江，两名在读博士生获得国家基金的资助。在未来的日子里，我的重点工作就是将更多的学生培养成为国家的栋梁。

南开大学环境学科是应国家和人类的环境保护事业的需要而生，短短五十年，我们始终与国家环境保护事业同向同行，得到了快速发展。未来，人与自然和谐共生是中国式现代化的重要特征，美丽中国建设、健康中国建设，我们责无旁贷，未来可期。

（校对：高世哲　田瑛泽）

栉风沐雨五十载 碧水青山谱华章

——南开大学环境学科成立 50 周年志庆

祝凌燕

人物简介：祝凌燕，南开大学教授，博士生导师，现任南开大学环境科学与工程学院院长，教育部环境污染过程与基准重点实验室主任，国家杰出青年、长江学者、天津市杰出人才、国务院政府特殊津贴专家。担任天津市环境科学学会副理事长、天津市化学学会副理事长、天津市新型持久性有毒污染物环境健康国际联合研究中心负责人。主要研究领域为新污染物的识别、环境过程与人体暴露、污染控制与生态修复、纳米材料环境行为、纳米光催化氧化等。担任环境领域顶级期刊《环境科学与技术》（Environmental Science & Technology）及《环境科技快报》（Environmental Science & Technology Letter）顾问、编委。承担科技部重点研发项目、国家自然科学基金委重点项目等重要项目 20 余项，发表论文 300 余篇，获得天津市自然科学奖一等奖、教育部自然科学一等奖、环境保护科学技术一等奖等科技奖励。

五秩春秋，在星河璀璨的文明长卷中不过惊鸿一瞥，却足以让一粒环保的种子在南开园里长成擎天绿荫。当1973年的春雷唤醒中国环保事业的黎明，南开环境学科便以拓荒者的姿态，在渤海之滨写下与生态文明同呼吸、与绿色中国共命运的时代诗篇。值此学科创建五十周年之际，我谨代表学院全体师生，向为学科发展倾注心血的前辈先贤、海内外同仁以及社会各界致以最崇高的敬意和最诚挚的谢意。

一、破晓东方：拓荒者以星火燎原之势铸就学科丰碑

20世纪60年代，当"寂静的春天"的警钟在全球敲响，戴树桂先生以其科学家的远见卓识，率先在南开大学化学系建立环境保护专业，开创国内环境学科体系化教育之先河，并于1975年招收第一届本科生。随后，1983年环境科学系挂牌、1998年环境科学与工程学院正式组建，每一次跨越都是南开环境人以学术报国的深情注脚，为我国高等学校环境学科的发展与本科教育的早期推进作出了重要贡献。

环境科学系创立之初，仅有20多名教职工，办公地点设于南开大学东村破旧简陋的高家大院平房内，条件十分艰苦。后历经多次搬迁，包括第六教学楼南边的平房、蒙民伟楼2~3层，空间依然拥挤，多位教授共享一间办公室却笑谈天下；部分科研用房甚至安排在滨海新区的泰达学院。当2015年新校区环境科学与工程学院大楼拔地而起，这座现代化建筑恰似一本打开的生态巨著，每个实验室都是闪耀的篇章。在一代又一代南开环境人的接续努力下，南开大学"环境科学"多次被评为国家重点学科，而"环境科学与工程学科"在历次学科评估中位列A类学科，进入生态与环境基本科学指标数据库（ESI）前1‰。南开环境人用半个世纪将"越难越开"的南开精神镌刻在环境学科的丰碑之上。

二、桃李春风：在绿水青山间书写育人传奇

南开环境学科始终坚持立德树人的根本任务，立志将其打造为我国环境人才培养的摇篮。经过 50 年的建设，学院目前建有环境科学和环境工程两个国家级一流本科专业，以及一个教育部特色本科专业——资源循环科学与工程。其中，环境工程通过了工程专业认证，形成了完整的本-硕-博培养体系，培养了我国第一位环境化学专业博士生——蔡勇。

漫步今日学院，处处可见前辈学者以心血浇灌的绿荫。戴树桂先生主编的《环境化学》教材，30 余万册墨香跨越世纪，化作万千学子案头的启明星；孙红文、汪磊等教授接续耕耘，让这本"绿色经典"在数字时代焕发新生。国家级教学团队与教学名师的智慧碰撞，催生出环境健康特色班、AI 赋能课程等创新之花，使课堂成为孕育环保先锋的沃土。

学院拥有一支高素质、高水平的教师团队，包括全国模范教师 1 名、天津市教学名师 2 名、国家级教学团队 1 个、天津市教学团队 3 个，以及宝钢优秀青年教师 4 名。此外，学院还积极顺应时代发展，创新教学方式方法，创建了"环境健康特色班""环境工程特色班""环境健康微专业"等，开设模拟仿真、AI 赋能相关课程，使教学始终与时代同频共振。

学院落实"三全育人"体系建设，倡导教师深度参与学生成长，通过教材建设、课程思政、实验教学、实践教学、创新创业、社会服务等多维度落实"五育融合"，获得国家级教学成果二等奖 2 项、天津市教学成果特等奖 1 项、一等奖 2 项。这些成果不仅彰显了学院在环境学科教育中的引领作用，也为全国高校提供了可借鉴的"南开经验"。

经过 50 年的耕耘与培养，南开环境学科已为国家输送了数以万计的优秀人才。他们在国家政府机构、教学科研机构、国际知名院

校、企事业单位等岗位上，为全球生态环境可持续发展发挥着重要作用。

三、科技报国：在时代答卷上镌刻南开印记

新世纪以来，学院以"顶天立地"为发展理念，坚持"四个面向"，既攀登科学高峰，又深耕实践沃土。学院建有国家发展改革委和天津市共建的生物质资源化利用国家地方联合工程研究中心、教育部环境污染过程与基准教育部重点实验室、生态环境部城市空气颗粒物污染防治重点实验室和 3 个天津市重点实验室等重要科研平台，搭建起产学研深度融合的桥梁。

以"大平台、大团队、大项目"为依托，学院在新污染物治理、空气颗粒物来源解析和污染控制、土壤污染控制、智慧环境管理等前沿领域形成显著优势，体现了南开环境人"越难越开"的坚韧品格。学院始终坚持有组织科研，参与了国家"六五""七五"等系列攻关项目。"十三五"以来，学院承担了包括水专项、国家重点研发计划项目等近 10 项，获批一批（>10 项）国家自然科学基金委重点（含国合、专项、地区联合）项目，杰出青年基金项目 6 项，以及一批优秀青年基金项目。学院还获得国家自然科学二等奖 1 项、省部级科学技术进步奖或技术发明奖（一等及以上）12 项。近年来，学院在《科学》（Science）、《美国科学院院报》（PNAS）、《自然》（Nature）子刊等期刊发表论文数十篇，特别是在《自然》（Nature）正刊上实现了突破。

南开环境人始终牢记"允公允能 日新月异"之校训，在重大环境突发事件发生地，如吉林双苯厂爆炸、天津"8·12"大爆炸、渤海石油污染；大型国际活动现场，如冬奥会、亚运会等，都活跃着我们的科研团队，为守护蓝天、碧水、净土贡献了南开环境人的智慧和方案，为促进美丽中国建设、区域经济可持续发展、保障人民健康安全提供了有力的技术支撑和保障，这便是南开环境学科最动人

的实践哲学，更是"把科研成果转化为民生福祉"的庄重承诺。

四、寰球同此凉热：构建人类命运共同体的绿色纽带

学院在国际交流与合作领域持续深化布局，依托国家级高端平台与重大国际合作项目，构建了"平台引领—项目驱动—成果辐射"的国际化发展模式，成效显著。学院获批"高等学校学科创新引智计划"立项，围绕"新兴污染物环境过程与风险评估"方向，联合美国工程院院士、加拿大国家科学院院士等国际顶尖专家，形成"海外大师+本土团队"协同创新模式，推动前沿技术研发与学科交叉融合。此外，学院还建有科技部国际联合研究中心、多个天津市国际合作联合中心、中美能源与环境安全研究中心、中加水与环境安全研发中心等国际合作平台。

依托这些平台，学院承担了科技部"政府间国际科技创新合作"重点研发项目、自然科学基金委国际合作重点项目、双边合作项目等10余项，涉及大气污染联防联控、水环境智慧治理、碳中和路径优化等领域，建立数据共享平台与联合实验室，实现技术、人才、资源的全球化配置。学院累计申请国际专利15项，推动中国环保技术走向世界。

学院数十位教授在国际组织兼职或担任《环境科学与技术》（Environmental Science & Technology）、《环境毒理学与化学》（Environmental Toxicology and Chemistry）、《有害物质杂志》（Journal Of Hazardous Materials）等国内外期刊副主编/编委，充分体现了学科创新水平和在国际社会上的影响力。学院教授还担任国际环境毒理与化学学会（SETAC）亚太分会主席等职务，深度参与全球环境治理规则制定。

学院建有"南开－格拉斯哥"环境科学专业双学位项目，推行"双导师制"（中方教授+外方专家），培养具有全球视野的复合型人才。同时，多个国家的青年学子来这里求学，碰撞思维火花，世界

正通过南开窗口看见绿色发展的中国方案。

五、致知穷理：向百年征程再启航

站在南开环境学科建立五十周年的历史节点，我们清醒认识到：全球气候变化加剧、生物多样性锐减、新污染物风险凸显，环境学科正面临前所未有的机遇与挑战。学院将以"双碳"战略为引领，深化环境－能源－健康交叉创新，建设"大数据+人工智能"环境决策支持系统；以"立德树人"为根本，培养具有全球视野的"环境+"复合型人才；以"人类福祉"为旨归，在生态安全、新污染物治理、资源循环、可持续发展等重大课题中勇闯科研"无人区"，为人类命运共同体筑牢生态屏障。

五十年风雨兼程，半世纪春华秋实。从渤海之滨到世界舞台，南开环境学科始终以"解决真问题、真解决问题"为使命。展望未来，我们坚信：每一代环境人都能像前辈那样"把论文写在祖国大地上"，南开环境人必将在建设人与自然和谐共生的现代化征程中，续写更加辉煌的篇章！

（校对：高世哲　田瑛泽）

第三部分
荣耀传承　优秀校友风华回忆录

致敬南开环境保护专业 50 年

蔡 勇

2025 年，南开大学环境学科迎来了它的 50 岁生日。作为一名曾在这里度过六年青春岁月的环境化学博士毕业生，我深感荣幸，也倍感自豪。在这重要的历史节点上，我不仅为南开环境学科的发展感到骄傲，更怀念戴树桂先生——一位为我国及南开大学环境科学发展作出奠基性重要贡献的伟大科学家和教育家。

回忆 20 世纪 70 年代，戴先生和一批有识之士一起，共同催生了我国环境科学的科学研究和高等教育事业。在他的主持下，南开大学于 1975 年开创了环境保护专业，1983 年建立了我国综合高校中最早的环境科学系，迈出了培养环境科学本科生和硕士生的第一步。1986 年，南开大学成为全国首批环境化学博士学科点之一，而戴先生也成为我国首批环境化学博士生导师。这些里程碑式的成就不仅奠定了南开环境学科的高起点，更为我国环境科学事业的蓬勃发展注入了强大的动力。

时间回到 1983 年，我第一次踏进南开校园，参加硕士生复试。那时候，"环境化学"这个词对我和绝大多数人来说都是陌生的。然而，正是像戴先生这样具有远见卓识的科学家和教育家，让这个陌生的领域经过几十年的发展实现了翻天覆地的变化。作为戴先生培养的首位博士研究生，我有幸见证并参与了这段历史，也由衷感激他多年来的教诲与鞭策。

  1983 年至 1989 年，我在南开度过了六年学习和生活的时光，这段经历成为我职业生涯中最重要的一段基石。二教、六教、马蹄湖、图书馆，南开的每一个角落都留下了我奋斗的足迹。最让我难以忘怀的是二教南面的小平房——我完成硕士论文的实验室。记得在那里，我搭建了用于有机锡形态分析的气相色谱-原子吸收联用仪。实验室的日夜奋战、席地而眠，以及为购置控温热电偶专程乘火车去沈阳的经历，都成为我记忆中的宝贵财富。

  南开环境学科的发展不仅是戴先生的心血结晶，也是几代南开环境人共同努力的结果。他们教书育人、言传身教，以高尚的人格和严谨的学术态度影响了一代又一代学生。如今，南开环境学科已成为我国环境科学与工程领域的重要学术高地，2001 年被评为国家环境科学重点学科，并成为首批环境科学与工程一级学科博士学位授权单位。这些成就，是南开环境人传承和创新精神的最好体现。

  作为南开的一员，我深知自己是这个辉煌历程的见证者，也是受益者。母校的教育不仅为我奠定了坚实的学术基础，更教会了我为学、为人的道理。我坚信，在新一代南开环境学人的努力下，南开大学的环境学科必将在未来取得更加辉煌的成就，为国家和全球的环境保护事业作出更多贡献！

  南开精神永存，南开环境再创辉煌！

（校对：李科 刘金鹏）

作者简介：蔡勇，1983级硕士、1986级博士校友，现为美国佛罗里达国际大学（Florida International University）教授，是我国培养的第一位环境化学博士。他专注于砷、汞的生物地球化学循环研究，已在《自然》(Nature)、《自然-通讯》(Nature Communication)、《环境科学与技术》(Environmental Science & Technology)、《分析化学》(Analytical Chemistry)等刊物发表学术论文100余篇。

母校南开
指引了我从事环保事业的方向

李金惠

一、幼年成长的环境烙印

我出生于河北偏僻的农村山区，从小热爱家乡的蓝天白云、清澈河水、鸟语花香、田园风光以及起伏翠绿的太行山脉。伴随着社会经济发展，我看到了一些不正确的生产和行为方式带来过度开发、水土流失、土壤农药污染、生态退化、垃圾围村等生态环境问题。对乡土深深的爱与责任感，萌发了我对"人与环境关系"的朴素思考，成为我投身环境保护的原始动力。山区资源有限，我深深懂得，需要凭借勤奋和不懈的努力才能实现自己的梦想与人生价值。

二、环境科学的启蒙

1983年，我十分荣幸考入南开大学化学系环境化学专业攻读学士学位。在大学4年的本科学习中，南开大学的校训"允公允能，日新月异"深深地滋养了我的精神世界，激励我为中国的环境保护事业、为民族的振兴和社会的发展贡献力量。本科期间，不仅学习了化学的基础知识和实验技能，尤其是接触到环境化学专业知识，更是体会到南开大学老师严谨的教学和科研精神。我的本科毕业论文选择了水体中氮的迁移转化规律研究,感受到国家"八五"期间重大环境保护需求和科学研究服务于国家的战略需求。

1987 年我考入南开大学环境科学系环境化学专业攻读硕士学位,师从戴树桂教授,在戴树桂教授和朱坦老师以及其他老师的精心指导下,我进一步学习了环境化学领域的前沿知识,接触到精密的环境分析仪器。当时我国大气污染问题突出,大气污染控制研究还处于薄弱阶段,参与了天津市大气颗粒物源解析研究,体验了从研究设计、设备校核、现场采样、分析测试、清单研究、模拟计算和结果解析的全过程,提升了我对环境科学领域前沿研究的能力,激励了我立志做国家环境保护研究的决心。

(摄于南开大学环境科学与工程学院)

三、环境科研工作的雕刻

1994 年,经戴树桂教授推荐,我进入中国科学院生态环境研究中心攻读博士,师从国家水质重点实验室汤鸿霄院士。基于当时我国酸雨污染问题突出，带来的部分地区的酸化，在前人研究的基础上，开展西南地区水体酸化容量评估研究。博士学习期间，在导师的精心指导下，培养了我"问题导向"的研究思维，探索从环境科学基础研究到应用转化为解决国家环境问题的技术支撑路径模式，在计算能力、空间思考、多介质协同、英语写作等方面的突破为我后续的事业发展奠定了基础。中国科学院"追求真理、服务人民"的宗旨，融入个人事业发展的理想和使命中，成为激励我不断前进的精神动力。十分荣幸，我在1997年毕业时获得"宝钢"奖学金。

四、高水平平台的驰骋

1997年，我开始在清华大学环境学院做博士后，在聂永丰教授、白庆中教授和金勤献老师的指导下，在学院领导和老师们的帮助下，在中国政府与挪威政府双边国际合作资金以及国家"九五"科技攻关计划的支持下，开展了中国危险废物管理战略和行动计划方面研究，顺利出站并获得清华大学优秀博士后。出站后我留校任教，并被聘为副教授，从事科研和教学工作，研究工作紧扣国家重大环保战略，如危险废物污染控制、"无废城市建设"以及化学品和废物国际公约履约。通过研究，我们形成了钢铁工业涉重固危废高效资源化协同利用与源头减量技术，典型有色金属高效回收及污染控制技术，电路板资源高效利用和全生命周期污染防治关键技术，退役动力锂电池闭路循环利用关键技术，生活垃圾焚烧飞灰资源化利用技术等关键技术。2016年，入选国家环境保护专业技术领军人才，2021年，我入选教育部"长江学者奖励计划"特聘教授；2023年担任联合国化学品和废物健全管理并防止污染科学政策委员会特设工作组副主席、2024年被聘为生态环境部第二届国家生态环境保护专家委员会委员，我长期兼任巴塞尔公约亚太区域中心执行主任、全国危险废物处理处置与资源化利用标准化工作组副主任、中国环境保护产业协会固体废物处理利用委员会秘书长。

五、南开精神的指引

（摄于南开大学环境科学系首届毕业典礼）

生态环境功能的提升，从单一介质和单一污染源出发是难以根本解决的。生态环境保护还与社会经济的发展模式密切相关。南开大学作为全国第一个成立的环境科学系，我作为第一届毕业生，环境科学系培养了我善于思考和勇于创新的精神，如推动"无废城市"建设理念写入联合国环境大会决议，创刊了《循环经济》（Circular Economy）英文期刊，担任了中国环境科学学会循环经济分会主任，中国管理学会环境管理专业委员会主任。南开大学的老师们从实践中找规律、探索解决问题答案的科学精神深深影响了我，形成了"产学研政标"综合解决问题的技术思路，牵头支持原国家环保总局制定了"危险废物污染防治技术政策""固体废物鉴别导则"，正在牵头制定国标"危险废物资源化产物环境风险评价通则"，形成了城市循环经济发展共性和关键技术，担任全国危险废物处理处置与资源化利用标准化工作组副主任、全国产品回收利用基础与管理标准化技术委员会（SAC/TC415）副主任委员等职务。通过研究推动环境科学与政策、经济、工程、国际履约的融合，解决复杂环境问题，为国家生态环境保护战略决策提供技术支持，为美丽中国建设贡献力量。

吃水不忘挖井人，事业发展离不开初始认知和思想的指引。负笈南开奠础业，幸得名师启鸿蒙。三春之晖，培育之恩，母校深恩永铭心间。

（校对：李科 刘金鹏）

作者简介：李金惠，清华大学环境学院教授，博士生导师。循环经济与城市矿产研究团队，首席科学家；巴塞尔公约亚太区域中心，执行主任；固体废物控制与资源化教研所，长聘教授。

南开岁月,青春长歌

谷 成

"渤海之滨,白河之津,巍巍我南开精神" 这首校歌常常在我耳边响起,激励我不断进取,时刻提醒我身为南开人的精神与担当。回想起32年前的夏天,初入南开园的我,踌躇满志,求知若渴。那时,我眼里的南开园一切都是那么美好,盎然生机,俨然是一座令我神往的求知、探索的圣殿。从那以后,14宿舍、第一食堂、新开湖边的老图书馆、敬业广场、新图书馆、主楼,还有6教,都留下了我的足迹。在这里,我结识了一群优秀的同学,遇到了许多兢兢业业的老师,亲身感受南开扎实的学风,也感恩在这里接受的严格科研训练。我清楚记得,每天早上6点半在主楼排队抢占自习座位的情景,还有在化学实验课上,因操作不规范被要求反复重做的画面。

本科毕业后,我选择继续留在南开,跟随张振家老师攻读研究生。当时张老师刚从日本回国,我有幸成为实验室的大师兄。研究生生活更加紧张忙碌,最大的挑战是从环境化学的理科生,转变为会画图、会设计反应器的环境工程研究生。为此,我拼命学习CAD、学制图,还跟着张老师学日语。记得那时几乎每周都要去蓟县的一个酒精厂采样,为实验室订购各种厌氧、好氧反应器。为完成实验采样,我经常整日整夜待在实验室,与瓶瓶罐罐对话,与实验样品朝夕相处……还有一次，为了一个工程项目，我在湛江待了整整三个月，每天定时采样，为厂里的技术员培训分析测试各项指标，调试反应器，还设计了一个沉淀池。看着自己的设计变成现实，20米高的反应器运行稳定，处理效果达到预期，那一刻，所有的辛苦都化作了成就感，心里满是激动和喜悦。这三年为我日后的研究工作奠定了良好的基础，让我不断突破自我，提升科研能力。

在南开的七年，不仅积累了知识，更塑造了人格。严谨的学术氛围，优秀的师长同学，让我学会了坚持、专注与创新。2000年，我带着在南开的所学所悟，前往美国留学。正因为在南开打下的良好基础，我顺利获得美国威斯康星大学麦迪逊分校环境化学博士学位，在密歇根州立大学完成博士后训练后，于2011年到南京大学环境学院工作。回顾在南开的求学岁月，我深感幸运。南开大学"允公允能，日新月异"的校训深深烙印在我的心中，激励我在科研道路上不断追求卓越。如今，虽然我不在母校工作，但南开的学习经历始终是我人生中最宝贵的财富。这段经历不仅赋予了我扎实的专业知识，塑造了我的学术生涯，也培养了我求知务实的学术作风，更激发了我对科学的热爱和对社会的责任感！未来，我将继续秉承南开精神，心系国家事，肩扛国家责，在坚持立德树人、推动科技自立自强上再创佳绩！

（校对：李科 刘金鹏）

作者简介：谷成，南京大学环境学院教授、博士生导师，南京大学国际化工作处处长，教育部长江学者特聘教授，首批国家优秀青年基金获得者，国家重点研发专项首席科学家。目前担任《环境化学》期刊编委，《生态环境与健康》（Eco-Environment & Health）期刊执行主编和《环境污染与毒理学公报》（Bulletin of Environmental Contamination and Toxicology）副主编。2012年入选国家特聘专家（青年），2016年获得江苏省"六大高峰人才"称号，荣获南京市"2024年度优秀留学回国人员"。主要从事新污染物的环境界面过程以及新污染物治理等方面的研究，主持了多项国家重大研发专项以及国家自然科学基金项目等。在包括《自然》（Nature）子刊等有重要影响力的环境科学国际学术期刊发表论文200余篇，获授权发明专利25项，包括3项美国专利和1项澳大利亚专利，其中一项专利已实现向美国头部环境公司成功转化。

怀揣南开情，砥砺前行路

张 珽

2025年是南开大学环境学科创建50周年，白驹过隙，我从1995年入学南开大学环境科学系到今天已经30年了，在这里我度过了人生中最宝贵的四年本科和三年研究生的美好时光，我要向母校和环境科学与工程学院表达最深切的敬意和最热烈的祝贺！

那段在八里台校区度过的青春岁月，如同一部精彩纷呈的电影，时常在脑海中回放，给予我无尽的温暖与力量。初入南开，周总理像庄严肃穆，仿佛在诉说着南开与总理的深厚渊源，激励着我们传承总理精神，为国家发展不懈奋斗；主楼巍峨耸立，见证着南开百年风雨历程，也承载着无数学子的梦想与希望；新开湖波光粼粼，倒映着四季的美景，湖边图书馆陪伴着我们度过了无数个日夜，也见证了我们的成长与蜕变。

在环境科学系的学习生活中，我遇到了许多优秀的老师，他们严谨治学、无私奉献，用知识的火炬点亮了我们前行的道路。我的硕士研究生导师戴树桂先生是我国著名的环境化学家、教育家，更是我学术道路上的启蒙者和引路人。戴先生曾担任国务院学位委员会环境学科评议组召集人，为我国环境科学事业以及南开环境学科倾注了一生的心血和感情，对待学术和科研工作一丝不苟、精益求精。戴先生对学生要求很高，至今还清晰地记得，他给我审阅硕士论文的时候，逐字逐句地提出修改和优化的建议，在我刚完成硕士答辩时，戴先生叮嘱我在今后的学习和事业中要更加认真努力、坚持不懈，才有可能获得成功。在南开求学的过程中，许多师长如朱坦老师、金朝辉老师、张振家老师、孙红文老师以及冯银厂师兄、刘广良师兄等都给予我诸多教导和帮助，从他们身上我不仅学到了知识，更领悟到了为人和做事业的道理，这些都是我一生最宝贵的精神财富。

我在南开大学环境科学专业拿到硕士学位后，去了美国加州大学河滨分校攻读博士学位，2009年回国后在中国科学院苏州纳米技术与纳米仿生研究所工作，也是一名一线教师。在中国科学院工作期间，我始终铭记南开"允公允能，日新月异"的校训，将纳米科技、材料科学和信息技术交叉融合，为解决环境检测、医疗健康和人工智能等领域的问题不断探索。我承担了多个国家级科研项目，在项目攻关中遇到了许多挑战与困难，但每当想起在南开求学的日子，想起老师们的谆谆教诲便充满了战胜困难的勇气与决心，我取得的一点成绩离不开南开给予的学术基础与科研素养。

（摄于2018年母校主楼前）

半个世纪的风雨兼程，五十年的春华秋实，南开环境学科见证了南开学子的成长，展望未来，期待南开环境学科能够继续秉承南开的优良传统，不断创新与突破，为国家和社会培养出更多优秀的人才。作为一名南开校友，我将始终心怀母校和环境科学与工程学院的发展，为学院的建设贡献自己的一份力量。祝愿母校环境学科越办越好，为国家的发展和社会进步做出更大的贡献！

此致 敬礼！

（校对：李科 刘金鹏）

作者简介：张珽，南开大学 1995 级环境科学系本科生，1999 级环境科学系硕士生，导师戴树桂先生。目前任中国科学院苏州纳米技术与纳米仿生研究所研究员，博士生导师、国家杰出青年基金获得者。担任中国科学院苏州纳米所所务委员、学术委员会副主任、创新研究部主任与纳米真空互联实验站主任。致力于纳米智能材料、传感器技术、微纳制造等领域的研究，并在此基础上探索其在人工智能、环境检测和医疗健康等相关领域的应用。

南开岁月,青春长歌

鲁 玺

时光的笔触在记忆的长卷上缓缓游走,绘出一幅幅关于南开的斑斓图景。每当回首那段在南开的读书生涯,那些人、那些事,就如同夜空中闪烁的繁星,熠熠生辉,温暖着我的心灵。

高中同桌那句"南开,是西南联大的三校之一,有着'刚毅坚卓'的基因",给我在少年时就种下了一颗向往的种子。1996年夏末,带着湖北枣阳泥土的质朴气息,我满怀憧憬地踏入了南开园。彼时的南开,夏末的风裹挟着梧桐叶的沙沙声响,像是在低声诉说着这座学府的悠久故事。走进校园的那一刻,我便知道,我的青春将在这里与知识和梦想撞个满怀。开学伊始,八十高龄的申泮文院士介绍"允公允能,日新月异"的南开精神,让我心中对大学的认知有了全新的定义。大学,不仅仅是知识的获取之地,更是精神的殿堂,是追逐梦想、塑造品格的神圣场所。

之所以选择环境专业,是源于少年时的两次触动。一是从新闻中了解到国家对环境保护的重视程度日益提高,意识到这将是未来的重要发展方向;二是高中时和同学们一起参观自来水厂,看到水净化的神奇过程,深深被与环境相关的领域所吸引。就这样,怀揣着对未来的期待,我开启了在南开环境学科的求学之旅。

南开四年,最难忘的是那群鲜活的人。军训时,艾跃进老师的军事理论课热情生动、深入浅出,无论拉练多么疲惫,一走进讲堂大家总是爱国情怀拉满、心情澎湃、斗志激昂。我们与东方艺术系同连，有幸聆听范曾教授的讲座，他笑谈幼年学画的严苛，随手几笔便勾勒出佛像坐禅的神韵，引得大家惊叹。田蕴章先生的书法课，更是让我们在笔墨之间领略到中国传统文化的魅力。班级像一团火，燃烧着青春的炽热。身为班长，在与同学们相处的过程中，我也收获了深厚的情谊。元旦，班主任白志鹏老师与同学们围坐在一起包饺子的温馨画面至今让我动容。当时大家对计算机学习热情高涨但苦于机时难求，在白老师支持下，我们班同学可以定期到实验室上机操作，成为其他班羡慕的"特权"。香港回归时，全班骑车冲向天津站广场，当大屏幕上国旗升起，有人高唱《东方之珠》，那一刻，我们望着电子钟跳向零点，心中满是激动，掌心沁出的汗水，比夏夜的温度还要滚烫。这些珍贵的瞬间，成为青春相册中永不褪色的照片。大三那年，美国轰炸中国驻南联盟大使馆的消息传来，引起校园内热血青年们激愤。但当时戴树桂老师的话让我深深动容，他劝诫我们"有礼、有节、有据"。言语间既有学者的理性，又有长者的温情。

  南开的课堂，是思维碰撞的江湖。张裕芬老师的大气污染控制课逻辑缜密，讲解深入浅出，复杂的公式定理在她的讲述下变得生动易懂；朱坦教授的课则会站在宏观的角度，从1972年人类环境会议讲起，将全球环保史串联成恢宏长卷。后来，我的毕业设计也是在朱坦老师的团队完成的，课题是ISO14000环境管理体系研究，记得当时经常去徐鹤老师那儿串门，徐老师亦师亦友，经常给予切实的指导。那时互联网不像现在方便，查资料全靠图书馆的泛黄期刊，但一沓沓手写笔记、一次次实验修正，最终打印在塑料幻灯片上的讲稿，反倒让知识沉淀得更加扎实。

  后来考研的那段时光，更是南开青春岁月中一段艰苦却又充满力量的旅程。我和室友兼老乡梁丹、同级的曾灿霞同学组成三人小组，经常一起自习备考，结下深厚友谊。我们宿舍六人也都备战考研，舍友们经常一起交流心得、加油鼓气，记得考研前夕，大家都想着要养精蓄锐，早早停止"夜话"模式，却误打误撞一夜未眠，回忆起来也是略显滑稽，好在尽管失眠也没有影响大家状态。最终，我拿到了清华大学环境系的录取通知书，梁丹也顺利考入中国科学院生态环境中心。

在清华读完硕士后，我去了美国西图公司北京办事处工作，参与了北京奥运会环境管理体系项目，这与我在南开的毕业论文研究内容直接相关，也得益于在南开打下的坚实基础能够让我顺利完成工作。后来，我又有幸前往哈佛大学攻读博士学位。在哈佛读书时，有幸聆听了来访的周启星教授的学术报告，在哈佛反响热烈。南开的高冠道老师来哈佛访问，我还帮联系租房子，后来我们成了要好的朋友。高老师一心扑在学问上，每天都泡在实验室，他纯粹的学者精神让我深感敬佩，也让我再次看到了南开教师的风采。

如今我也成为人师，常在清华园的夜色中想起南开，心中满是眷恋。南开的老师们，用他们的渊博学识和人格魅力，照亮了我前行的道路。他们不仅传授知识，更教会我如何做人、如何做学问。在南开的青春岁月，是我人生中最宝贵的财富，它教会我勇敢追求梦想，不断探索未知。

我想，如果时光能够倒流，我仍会毫不犹豫地踏上 1996 年那列通往南开的绿皮火车。因为南开给予我的，不是现成的答案，而是对知识、对真理永远奔腾不息的追问；不是人生的终点，而是在潮起潮落间，一次次勇敢启程的动力。她见证了我的青春成长，承载着我对未来的无限期许。五十年风雨，南开环境学科从一棵幼苗长成参天大树。而我，作为万千学子中的一个，从母校走向世界各处。但母校赠予的，是融入血液的"允公允能"精神，是面对世界时永远赤诚的心。在南开环境学科建立 50 周年之际，衷心祝愿母校的环境学科建设得越来越好，培育出更多优秀的人才，能够在环境科学的领域绽放更加耀眼的光芒！

（校对：李科 刘金鹏）

作者简介：鲁玺，清华大学环境学院长聘教授，大气污染与控制教研所所长、碳中和研究院院长助理，国家杰出青年科学基金获得者。长期从事可再生能源"供-用"全链条评估技术、可再生能源潜量与变动性精准化评估方法与数据库等方面研究，为开发利用可再生能源与碳中和转型提供关键分析工具与数据库支撑。近年来在《科学》（Science）、《美国科学院院报》（PNAS）、《自然能源》（Nature Energy）、《自然-通讯》（Nature Communications）、《自然可持续性》（Nature Sustainability）、《焦耳》（Joule）等国际高水平期刊上发表 SCI/SSCI 论文 100 余篇。担任中国工业节能与清洁生产协会碳中和专委会主任，中国环境科学学会青年科学家分会常务副主任，中国能源研究会能源系统工程专业委员会副主任委员，科技部中国 21 世纪议程管理中心碳中和咨询专家，亚太能源联盟（UNESCAP）智库专家，以及《碳中和科技评论》执行主编与多个能源环境期刊的编辑与编委。先后获得美团青山科技奖、北京市先进科技工作者、中国环境科学学会青年科学家奖（金奖）与第十五届中国青年科技奖等。

南开记忆

杨 欣

时光荏苒,转眼从南开大学毕业已经 22 年了,然而,四年大学的时光就像被定格了一样,依然历历在目,毕竟那是我最青春飞扬的年华。

那是学院组织的本科生实习,全体同学一起去到了宁夏的沙坡头,为期一周的实习让我们从课本走到了天地间,我第一次见到了沙漠,见到了月牙泉,还记得一堆人围在一起等着烤羊腿的大餐,那是怎样恣意的生活啊。现在回想起来,学院在那么早的时候就一直重视学生的培养,以'知行合一'为纲,让我们得以走到课本之外,在现实的土壤里深深扎根。

那是在做本科毕业论文的实验室,戴树桂先生来实验室看大家,博士生师兄的固相萃取柱在滴滴答答地过样品,那个场景仿佛就在昨日,我还有幸与戴先生和师兄一起在《环境化学》发表了一篇论文,那是我科研之路的起点。多年后,在中山大学的课室里,捧起戴先生的《环境化学》课本,给学生讲授《环境化学》课程的时候,我很自豪,我觉得那是我对南开精神的一种传承。

那是物理化学的实验课,要做一个溶解热的实验,实验周期很长,我的实验失败了。其他同学都完成实验去吃午饭了,我重做这个实验的话,还需要很长的时间才能完成,我很沮丧,也很纠结要不要重做。这时,老师走过来轻声对我说:"没关系,我陪你。"老师耐心地指导我,直到我顺利完成实验才离开。"德高为师,身正为范"，老师润物细无声的身教在多年后依然深深地打动着我，成为我一生学习的榜样。

那是 304 宿舍，来自天南海北的我们一起欢笑，一起去图书馆，一起逛街，一起疯。我们参加学校的运动会，按照同样的跑步顺序，获得了 4*100m 和 4*400m 的第二、三名；我们参加班级晚会，精心排练搞笑小品；我们天南海北地夜聊，互相扶持，互相鼓励。我很幸运认识了她们，我的大学生活从此有了五彩斑斓的红。

回首往事，记忆流淌，我觉得很幸运，南开大学以及南开大学环境科学与工程学院带给我的是我一生受之不尽的财富，我有幸在这里学习和成长，也衷心地祝愿母校的环境学科更加灿烂辉煌！

（校对：李科 刘金鹏）

作者简介：杨欣，中山大学环境科学与工程学院教授，博士生导师、环境科学系主任，国家杰出青年基金获得者，英国皇家化学学会会士。2002 年本科毕业于南开大学环境科学系，2004 年和 2007 年分别获香港科技大学土木和环境工程系硕士和博士学位，后于美国北卡罗来纳大学教堂山分校从事博士后工作。2010 年入职中山大学。长期从事水污染控制化学和饮用水水质安全转化方面研究，发表 SCI 收录论文 170 余篇。自 2020 年起连续入选爱思唯尔"中国高被引学者"，获霍英东教育基金会高等院校青年科学奖、广东省自然科学奖二等奖（排名第 1）、紫金全兴环境基金青年学者奖等。

南开环科五十载：
以文明之光，照永续之路

白宏涛

五十年前，当中国环保事业尚在襁褓之时，南开园里已悄然种下绿色的火种：1975年设立环境保护专业，1983年在综合性大学中最早成立环境科学系。五十年后，当"绿水青山就是金山银山"的理念写入人类文明新篇章，南开环科这座目睹着中国环境学科发展史的学术殿堂，正以愈发璀璨的光芒，照亮着永续发展的文明之路。

一、大时代里的小我：在文明觉醒中成长

2000年，怀着对环保事业的好奇和憧憬，我踏入了南开园。那时的中国，环保事业方兴未艾，环保专业还是所谓的冷门。记得刚入学时，时任学院院长、后成为我的导师的朱坦先生就告诉我们："你们赶上了好时候，国家越来越重视环境保护，环保专业定大有可为。"确实如此，在本科四年里，我们见证了《中华人民共和国环境影响评价法》的出台，见证了国家"十五"规划将环境保护列为重点领域；在就读研究生的五年里，我们亲历了主体功能区的探索研究，目睹了中国首次将"PM2.5"纳入常规空气质量评价标准的全国大讨论；课堂上，老师们不仅传授专业知识，更以拳拳之心讲述中国环保事业的发展历程，让我们深刻理解环保工作者的使命与担当。2001

年，朱坦先生作为全国人大代表，积极推动环评法的立法工作，机缘巧合，有幸聆听先生评议环评人大立法的艰辛历程，使我人生第一次深切感受到作为中国环保工作者的自豪感和责任感。那是中国环保事业破晓的黎明，我们何其幸运参与其中，感恩南开环境带我融入这个大时代。彼时起，由本科到研究生，再到留校任教，直至今时，我一直都在从事环保相关工作。这份将个体命运融入时代洪流的自觉，恰如《周易》所言"观乎天文以察时变，观乎人文以化成天下"，让每个南开环科人都有幸成为文明进程的见证者与书写者。

二、象牙塔外的星辰：在文明转型中担当

在南开环境学院求学十八载，春天，敬业广场的樱花如云似霞，夏天，马蹄湖畔的荷花亭亭玉立；秋天，大中路旁的白杨树金黄灿烂；冬天，主楼前总理像的雪景静谧安详。南开园的一草一木一景与六教小院、蒙民伟楼里忙碌的身影交织在一起，构成了我人生最美好的回忆。从渤海之滨到深圳湾畔，从津南环境楼到先行示范区，我始终努力不负母校赋予的"双重基因"：既要有"允公允能"的济世情怀，又能具"日新月异"的创新胆识。当我在粤港澳大湾区试图构建生态文明社区治理模式时，那些在学院循环经济实验室反复验证的模型，在低碳城市论坛激辩过的理论，都可化作破解"不可能三角"的密钥。如今我在水务系统工作，为流域水环境治理和工业废水资源化贡献着微薄力量，南开园的知识积淀和精神构建，始终是支持我工作和生活的最大动力源泉。

三、新纪元中的远见：在文明重构中引领

如今，站在碳中和时代的门槛回望，五十年前南开环境学科初创时的远见卓识愈发清晰。当年学院创建的南开大学"985工程"循环经济哲学社会科学创新基地力推的循环经济模式，正在我们的垃

圾分类智慧系统中逐步实现;世纪之初可持续发展战略提及的"环境治理共同体",已然在区域大气联防联控机制中落地生根。《礼记》有云:"大道之行也,天下为公"——当生态文明写入宪法,当"双碳"目标成为全球共识,我们终于懂得:那些在实验室里熬过的长夜,在田野调查中磨破的球鞋,都是文明进步的跫音。学院教授团队在环境污染过程上的突破,在新污染物环境健康领域的创新,便知"周虽旧邦,其命维新"的东方智慧正在这里焕发新生。南开大学环境学院不仅追赶文明转型的浪潮,更在创造新的文明坐标。

五十年栉风沐雨,五十年春华秋实。南开环境学科从最初的环保专业,发展到今天的环境科学与工程学院,每一步都凝聚着几代环科人的心血与智慧。作为曾经的一员,我深感自豪。展望未来,在"双碳"目标的引领下,在美丽中国建设的征程中,环保专业必将迎来更加广阔的发展空间。相信南开环境学科必将继往开来,再创辉煌,为国家生态文明建设贡献更多智慧和力量。

(校对:李科 刘金鹏)

作者简介:白宏涛,教授级高工。2000年9月考入南开大学环境科学与工程学院环境工程专业,2011年获环境科学博士学位并留校任教,主要围绕能源气候政策评价、再生资源循环利用等领域开展教学科研工作。2018年深圳市委"苗圃计划"选调至深圳工作,目前担任深圳市龙华排水有限公司党委书记、董事长。

篮球梦，生态魂

吴济舟

南开大学环境学科，自创立之初，就承载着培育生态环境理念（那个时候还叫"环保"）、研究绿色科技的重要使命。在这里，我度过了人生中最宝贵的十年青春时光，2002 到 2012，从本科到博士，每一步成长都伴随着学院的发展。南开大学环境科学与工程学院以其独特的学术氛围和严谨的教学风格，为我提供了宽广的知识平台和深入研究的机会。

在南开大学的十年里，我不仅在学术上不断攀登高峰，在篮球场上也书写了一段浓墨重彩的传奇。从本科到博士，我始终坚守在学院的篮球队中，与队友们并肩作战，共同拼搏，为学院的荣誉而战斗。

这段经历不仅锻炼了我的体魄，更塑造了我的性格。篮球场上，每一次进攻和防守都需要我们紧密合作，相互信任。我学会了如何与队友们默契配合，如何在关键时刻挺身而出，如何面对失败和挫折。这些宝贵的经验和教训，不仅在篮球场上发挥了巨大作用，更在我的学术生涯中起到了积极的推动作用。

在本科阶段，我带领院队取得了令人瞩目的成绩。大一时，我就带领院队首次打进八强，这一壮举在当时引起了轰动。在接下来的四年里，我们连续保持这一佳绩，成为南开大学篮球赛场上的一支劲旅。每当比赛来临，我们都会全力以赴，为了学院的荣誉而拼尽全力。这种不屈不挠的拼搏精神，也深深地感染了我们的对手和观众。

进入研究生阶段后,我们面临着更加激烈的竞争和挑战。然而,正是在这样的环境下,我们更加坚定了追求卓越的信念。虽然研究生校长杯的比赛中我们获得了亚军,略带遗憾,但这并没有让我们气馁。相反,这更加激发了我们加倍努力训练、矢志追求卓越的决心。我们明白,只有不断努力,才能不断进步。

终于,在毕业后的那年,我们迎来了巅峰之战,凭借着我们的实力和团队精神成功夺冠,为我们在学校的篮球梦画上了圆满的句号。这一刻,我们所有的汗水和努力都得到了回报,所有的付出都变得值得。师弟师妹们为我们欢呼雀跃,我们也为自己的成绩感到无比自豪。

此外,2004年,在学校首届篮球明星赛中,我有幸获得了MVP的称号。这是对我个人能力的肯定,更是对学院篮球团队的认可。从那一刻起,南开篮球圈都知道环科院有个小个广东后卫"吴三分"。这个称号不仅是对我的赞誉,更是我们整个团队努力的见证。

这些荣誉的背后,是"环境人"(CESEers)无数次的汗水和努力。每一次训练,每一次比赛,我们都全力以赴,为了学院的荣誉而拼搏。我们对篮球运动的热爱和坚持,让我们在赛场上不断超越自我,创造了一个又一个奇迹。

如今,我已经离开了南开大学,但那段在篮球场上度过的青春岁月却永远铭刻在我的心中。那些与队友们共同拼搏的日子,那些为了胜利而奋斗的时刻,都成为我人生中最宝贵的财富。感谢南开大学为我提供了这样一个舞台,让我能够在篮球场上书写自己的传奇。也感谢所有的队友们,是你们的陪伴和支持让我变得更加坚强和勇敢。在未来的日子里,无论我走到哪里,我都会带着这份宝贵的经历和回忆,继续前行,不断追求更高的目标。

十年的篮球生涯,不仅让我收获了荣誉和友情,更让我深刻体会到了运动对身心健康的重要性。正是篮球给予了我强健的体魄和坚韧的意志,使我在学术道路上能够更加从容和坚定。

自2012年博士毕业之后,我踏上了生态环境事业的征程,全身心地投入到这一崇高而伟大的事业中。多年的学术积累和实践经验,让我有了将所学知识应用于实际工作的能力和信心。在这段时间里,我参与了10余项国家级的项目,这些项目涵盖了地表水、地下水、土壤、大气、固体废物、污染源等多个领域,每一次的参与都是一次挑战,也是一次成长。

(摄于2019年参加全国环境监测比武广东赛区决赛现场)

在这些项目中,我不仅发挥了自己的专业知识,也积累了大量的实践经验。我深入了解了生态环境的复杂性,也认识到了保护生态环境的紧迫性。每一个项目的成功,都离不开团队的协作和个人的努力。我为自己能够在生态文明建设中贡献一份力量而感到自豪。

这些年的工作经历,也让我更加珍惜在南开大学环境学院度过的那段美好时光。那里有我敬爱的老师,有我亲爱的同学,更有我成长的足迹。回想起那些日子,我仿佛还能闻到图书馆里书本的墨香,还能感受到实验室里仪器运转的嗡鸣。

在南开大学环境学院的十年时光里,我收获了丰富的知识和宝贵的友情。学院提供了优秀的学术平台,让我能够接触到前沿的研究成果,也提供了丰富的实践机会,让我能够在实际操作中不断提升自己。更重要的是,学院在我心中种下了生态环境文明的种子,让我深刻认识到保护环境、生态文明建设的重要性。

未来，我将继续致力于生态环境文明建设的研究和实践工作。我深知，这是一个长期而艰巨的任务，但我有信心也有决心。我将以更加饱满的热情和更加扎实的工作，为实现"绿水青山就是金山银山"的理念贡献自己的力量。我相信，只要我们每个人都尽一份力，就一定能够建设一个美丽、和谐、宜居的中国。

此外，我还要感谢篮球带给我的健康和活力。正是篮球培养了我坚韧不拔的意志和勇往直前的精神，让我在学术和工作中更加从容和自信。篮球不仅是我的爱好，更是我的精神支柱。

同时，我更要感谢南开大学环境科学与工程学院对我的培养和教育。正是学院给予我的专业知识和技能，让我能够在生态环境事业中实现自己的价值和梦想。学院的培养不仅让我成为一名合格的生态环境工作者，更让我成为一个有责任感、有担当的社会公民。

悠悠绿韵润环境，拳拳期许映学科。这是我在南开大学环境学院十年的真实写照，也是我未来继续前行的动力和信念。我将始终坚守在生态环境事业的岗位上，为我国生态文明建设贡献自己的力量。我相信，在未来的日子里，我会继续成长、继续进步，为实现中华民族伟大复兴的中国梦不懈奋斗。

谨以此诗送给所有的"环境人"（CESEers），送给所有为篮球飞翔过的兄弟：

> 篮筐高挂上云端，
> 球舞飞扬映日光。
> 梦想翱翔心不息，
> 生机勃勃向前方。
> 态度决定成败事，
> 魂牵环保添白霜。

（校对：李科 刘金鹏）

作者简介：吴济舟，男，广东湛江，中共党员，2002年入读环科本科，2012年获环境科学博士学位，高级工程师、硕士生导师，国检集团环境与健康事业部技术兼质量负责人、国检京诚集团总工，从事环境—食品—农业检测、环保咨询工作10余年，负责事业部10余家公司的科技创新、质量管理、检验检测，任多个高校硕士生导师、核心期刊编委、国家级专家，全国技能比武省三等奖、广东省最美环保产业人，奖项10余项、专利10余项、标准10余项、论文100余篇、专著2本，担任10余项国家项目负责人。

南开回首，倚月看潮生

刘 文

对南开精神的认知，始于"日"与"月"。初入南开的时候，对"日新月异"是一种朦胧和模糊的认知，这源于彼时人生的经历还略显单薄。时至今日，已然即将踏入不惑之年，才能深刻体会南开一直教导我们的那种厚重、谦和的精神。所以在北大招研究生时，系里对南开的本科生有种莫名的好感，尤其是我的博士生导师倪晋仁院士，特别认可南开对本科生的培养。我想这也是南开精神的一种传播延续。

在南开读书之时，一心在"学"，而且有个响亮的名号，叫"学魔"。"xuemo"也是社交论坛南开 BBS 的知名 ID，所以当南开 BBS 关站之时，不禁唏嘘。大学的历练，让我更追求一种心境的"魔"性，这是一种潇洒不羁的逍遥思想。这种心境在后来的北大，这个骨子里渗透着自由的园子，又进一步得到了升华。那时候，喜欢仙三中的魔尊重楼，羡慕他纵横天地间的嚣张；喜欢仙四中成魔后的玄霄，崇拜他抗争宿命的坚毅；喜欢倩女幽魂中的魔君七夜，赞誉他对感情的坚守和执着；喜欢霹雳神州中的异度魔君银鍠朱武，痴迷他血性的狂傲。这更是一种布衣芒履、任尔春秋的无为快乐，更接近于截教的"有教无类"，而非阐教的"顺应天命"。

再回首走过的这段人生路，从南开本科入学的 2005 年到今日的

2025年，正好二十年。欣赏过马蹄湖畔荷花的卷舒开合，体验过未名湖畔的书声琅琅，也经历过异国他乡的平野空阔。终于明白，生活的真谛就是在有限的生命中追求无限的价值，人生无所谓好或不好，一场虚空大梦，韶华白首，不过转瞬。花开花谢，千年的光阴流转，都是酒徒萧索，逝之如流水，何况这短短二十年。

（摄于 2009 年 6 月南开大学环境科学与工程学院 2009 届本科生毕业合影）

很庆幸，在南开科研启蒙之后，让我爱上了自己目前从事的工作。人生的大幸也莫过于此，吃饭的工作是自己喜欢的事情。特别感谢当时指导我的师长，戴树桂先生、孙红文老师、张彦峰和汪磊师兄。犹记本科毕设时，在戴先生的办公室水培油麦菜，他总是戏谑地问："什么时候养好啊，我还得等着涮火锅呢"。多年以后，他的音容笑貌依然还能清晰地出现在我的脑海里。年前在"Water Insight"的讲座中，我说我们这些跟"水"打交道的人尤其应该学习"水"的精神，水利万物而不争，但万物莫能与之争。于是，特别喜欢胡洪营老师担任主任的中国环境科学学会水处理与回用专业委员会所秉承的理念，即"善水循环、尚法自然"，此处的"法"即"道"，是先哲老子"道法自然"的思想精髓。

几年前，受迪奥尼西奥斯·迪奥尼修（Dionysios D. Dionysiou）

教授的召集，写了一本英文专著，最为之自豪的，莫过于我为此书作的序，其中写到"在未来，我们将继续以水骄傲，以纳米而骄傲，而纳米维系的水必将是人类追求的终极目标——上源之水"。也很感谢人类历史上出现了这么多伟大的科学家，就包括迪奥尼西奥斯·迪奥尼修（Dionysios D. Dionysiou），这位名字和酒神狄奥尼索斯无异的学者，他于2023年底彻底离开了我们，我们也以水的精神来纪念他。正是这群证道者，不断推进人类文明的历程。不禁让我想起了电影《妖猫传》中一句足以封神的台词，就是极乐之宴上，杨贵妃听完了"云想衣裳花想容，春风拂槛露华浓"后，对李白说的那句："李白，大唐有你，才真的了不起！"历史总会见证，有些被称之为"道"的东西是永恒的，所谓无极无相，道亦玄真，而我相信这些永恒的东西永远都是好的。

很多年以后，我常常还会梦到初入南开的那个秋天，是那么真切；我也记得和所有人初相识的时候，若秋水的明眸充满着光。一夜星河，一念永恒。

（摄于2019年6月南开大学环境科学与工程学院2009届本科生毕业十周年合影）

（校对：李科 刘金鹏）

作者简介：刘文，南开大学2009届环境工程系本科毕业生。2014年于北京大学环境科学与工程学院获得博士学位，2014—2017年先后在美国奥本大学和佐治亚理工学院从事博士后研究。现任北京大学研究员、博士生导师、环境工程系主任，北京大学博雅青年学者，西南联合研究生院兼聘教授，兼任北京环境科学学会科技创新分会主任、国际水协中国青年委员会（IWA-YWP）常务委员、中国环境科学学会青年科学家分会副秘书长、国际地球科学奥赛科学委员会委员等职务。

我是爱南开的

孔少飞

收到南开环境学科建立五十周年主题征文活动的邀请,我不自觉地把思绪拉回了 17 年前。

2007 年 9 月,正式走入南开园,一切都那么新鲜和美好,一切也都充满了希望。在我的儿时记忆里,河南农村认为最著名的大学是清华、北大、复旦、南开 4 个大学,父亲也经常念叨。我依稀记得,南开八里台的校门,是中学时一个课外辅导材料的封面。那竖排的南开大学四个大字,深深地刻在我的脑海里。

至今,我仍很清晰地记得,进入南开园的场景。2006 年 9 月份,参加南开大学研究生入学保送生面试时,我住在天大发小的宿舍,一大早借了他的自行车,穿过南天门到蒙民伟楼面试。我把第一项的英文自我介绍事先写了下来,当场流利地背诵,祝凌燕老师当时夸了句英文挺好啊。暗自窃喜,还好准备得充分,只记得那个稿子我可能背了 30 遍。参加完复试,到化学楼北楼跟白志鹏老师见面,白老师笑眯眯的表情让我的紧张感瞬时没有了。当年有 8 位保送生找他,随后又在蒙民伟楼面试了我第二次,我只记得恩师最后很爽快地说了句,"好,就你了"。很荣幸成为白老师的弟子,在南开度过了 5 年的学习时光。

至今,我仍很清晰地记得,老师们上课的场景。朱坦老师的环境管理学课件上,有一张我在老家拍摄的农田中拖拉机排放黑烟的照片。祝凌燕老师在环境分析化学课上,讲授光谱、质谱分析原理;卜欣欣老师讲授环境信息检索课程；白老师讲授气溶胶测量原理、技术和应用，我当课程助教；毛洪钧老师给我讲授先得和后得的关系；冯银厂老师在化学楼北楼的走廊上鼓励我继续努力。这些场景以及老师们亲切的面容，始终铭记在我的脑海中。当我成为老师时，我更是深刻体会到老师们的良苦用心和话语的时空穿透力。

仍很清晰地记得，在实验室学习和生活的场景。晚上10点多骑着自行车，穿梭于八里台校区、儒西公寓、黑牛城道的气象局铁塔观测基地、西区博士公寓、家乐福……一帮年轻人是那么地开心自在，既吐槽着实验，也畅想着未来。在化学楼北楼如饥似渴地看论文、翻报告、向师兄们请教学习、参加组会汇报和接受指导，中午跟着郭洋、建会、晓辉、韩斌、国良、徐准等师兄们喝羊杂汤、吃烧饼，午休时间打红色警戒、植物大战僵尸。西南村的老陶包子、教工食堂的刀削面、天大食堂的猫耳朵，总是吃不够。那个时候，没有觉得累，就是觉得日子过得很快，时光总是那么美好。

仍很清晰地记得，出外场做实验和实验室组织活动的场景。渤海湾的近海采样，在船上师兄弟们晕船呕吐，又美滋滋地吃着水煮皮皮虾；韩斌师兄带着我录制离子分析实验视频，拷贝光盘送到908专项办公室；姬亚芹老师带着我们在东营电厂爬烟囱，吃自助火锅；实验室组织在八里台河边草坪上烧烤，庞小兵老师以可乐瓶为话筒，一展歌喉；郭光焕老师带着我到天大的小工厂加工稀释通道零件；郭瑞芬老师在中秋节给我们发月饼和苹果；师兄弟们到自助餐厅狂炫蛋糕……太多太多，我也在努力地记住这些美好，并传递给我的学生们。

南开圆了我儿时的南开梦，指引着我一步步努力和进步，给予我许多荣誉、奖励和自信。那些奖学金，帮助了一位农家困难子弟读完博士，还攒了不少钱。

我想，我是爱南开的。

（校对：李科 刘金鹏）

作者简介：孔少飞，中国地质大学（武汉）环境学院党委委员，教授、博士生导师，湖北省大气复合污染研究中心主任。2007—2012年在南开硕博连读，获得环境科学博士学位。目前，在大学讲授大气化学，并开展大气污染源排放测量与表征研究。发表一作/通讯"科学引文索引"（SCI）论文72篇，主编专著1部，获授权专利10项。获得中国气溶胶青年科学家奖、谢义炳青年气象科技奖、中国化学会青年环境化学奖、湖北省杰出青年基金项目资助，连续4年入选斯坦福大学全球前2%科学家年度影响力榜单。

绿韵相伴 情深相随

许 嘉

时光荏苒，回首在南开大学环境科学与工程学院（以下简称"环境学院"）的研究生求学经历，记忆犹新，那是我人生中最珍贵的时光。从一个懵懂学子孤身踏入南开园，到与挚爱结识于环境学院，共同度过求学的青春岁月；从两颗怀揣梦想的心并肩走过校园的每一个角落，到携手共筑家庭，踏上人生新征程；从二人并肩走过时光的磨砺，到如今成长为三人家庭，一起重回南开，感恩这片滋养我们的沃土，每一次相遇都充满了深深的眷恋与期待。

初入南开园，我对环境科学的理解还停留在"水、土、气"层面，觉得能够保护地球是一件既有意义又有些酷的事情。在环境学院，随着课程的深入，我的视野逐渐开阔，朴素的热爱也向深度与广度延伸。环境科学宛如一座宏伟的交响乐厅，各个学科的音符在水、土、气三大环境介质上交织成一曲动人的乐章。生物学旋律轻盈地舞动，展现出生态系统各圈层中生命的脆弱与韧性；化学和声则深沉而丰富，揭示着物质间复杂的变换与反应；地理学节拍稳健而有力，描绘出环境现象的空间格局与演变；当社会学音符加入时，乐曲的情感变得深刻，探讨人类行为如何在地球刻下深深的印记；经济学节奏则引入了资源的流动与分配，提醒人类在追求发展的同时,如何不放松对环境的珍视与保护;甚至,当技术元素如同电子合成器的音效悄然融入时,地理信息系统与遥感技术的力量便在这乐章中闪耀,大数据和人工智能赋予我们更加细致的观察与分析能力。每一个学科的交叉,都是对这场伟大交响乐的独特诠释与表达。在这场学科交汇的盛宴中,环境科学不仅是对自然界的探索,更是对人类与自然关系的深刻反思;交融与合作奏响绿韵和谐之音,是为走向可持续发展而构建出的绿水青山故事。

在南开环境学院,我们初闻这场交响乐之美,学习和体验这场多学科交叉盛宴后,在导师的引领下,我们选择了将空气污染暴露模拟和环境健康作为主要研究方向,毕业后一同前往美国开展博士后研究。如今,我们在科研院所从事环境健康相关工作。从学生到研究者,我未曾忘记南开环境学院带给我的初心和启迪。南开大学环境学科五十年的发展历程,是一代代师生共同奏响的辉煌乐章,作为这段历史中的一个小音符,我深感荣幸。愿自己继续在环境健康相关的环境基准领域深耕细作,将科研成果转化为政策建议,以回馈母校的培养。与此同时,我也期盼南开大学环境学科在未来五十年能继续引领学术前沿,培养更多具有国际视野与社会责任感的优秀人才,为我国环境保护事业作出更大的贡献。

南开园六载,是我人生中最美好的一段旅程。感谢南开,感谢那片悠悠绿韵,让我深深感受环境学科之美。它让我瞄准了人生目标,让我找到了人生伴侣。未来,我将带着这份爱与责任,继续书写属于我们这一代环境人的精彩篇章。

(校对:李科 刘金鹏)

作者简介：许嘉，2008级硕士，2011级博士。专业：环境科学。现工作单位：中国环境科学研究院。主要研究领域：大气污染环境暴露模拟、内暴露评估、空气污染导致的健康效应、颗粒物来源和毒性。

流水不争 行者必至

张怡然

2009年9月的一个午后,我来到了天津,这座城市用遗留在夏日尾巴上的绚烂阳光迎接了当时那个有些懵懂的我。怀着对研究生生活的憧憬与向往,我走进了南开园,在这所古朴与现代同在,静谧与繁华并存的校园里开始了我的学习生活。流年似水,在指尖转瞬,经过了研一初来的兴奋彷徨,研二转博的深思熟虑,博士实验的迂回摸索,我终于按自己的计划完成了博士毕业实验,在2013年夏末秋初的八月末尾提前将近一年完成了博士毕业论文的初稿,并于2014年6月获得环境工程专业工学博士学位,顺利毕业。

回首五年硕博连读求学生涯,我很感谢自己的刻苦,可以通过研究生入学考试,有机会在南开园里度过充实的五年时光;感谢自己的敏锐,可以在导师只给予大方向指导的时候独立完成实验的构思与设计;感谢自己的坚持,可以在相对恶劣的实验环境和条件下完成实验,为今后的工作赢得了更多的宝贵时间;感谢自己的勤奋,可以在实验过程中完成小论文的书写,在不到四周的时间内集中进行大论文的写作;感谢自己的毅力,可以在每每犹豫怀疑时及时坚定自己的梦想与追求,最终完成求学生涯。我的硕博连读生活,或许不如别人亮眼,或许不如别人前沿,也或许不如别人的成果丰硕;但是,在自己的执着中,我也终于走出了自己独有的路,讲述着自己独有的故事,收获了自己独有的感悟和成长。我的硕博连读经历,教会我的不只是娴熟的实验技能、出色的科研能力或高超的写作技巧，而是，拥有了无论条件多么恶劣，都要坚持，用尽所有的毅力与恒心一心往前冲干好一件事情的经历，以及当事情真正完成后，收获到的真正的满足感和自信。这种"只管继续前进（just keep going）"的经历，一辈子都不见得能有几次，而即使只有这一次，我都觉得受益匪浅。

（摄于2014年5月毕业答辩及6月博士学位授予照片）

作为水处理方向的博士研究生，很幸运毕业入职后就从事了和专业完全对口的工作。在天津泰达水业有限公司领导同事们的指导与帮助下，我作为课题骨干，完成了公司重点项目国家"十二五""十三五"水专项和天津市科技计划项目等多项科研课题，发挥自己专业优势进行工艺管理，学以致用解决关键技术和工艺的操作性难题，积累了一线生产管理经验。工作十年，我一直从事给水相关专业技术研发与管理工作，在2022年当选为天津市城镇供水协会专家库专家，2022年度天津国资系统"国企英才培养工程"人才、天津市"青马工程"第六期培训学员。2023年11月，受邀在南水北调中线水源安全高效利用技术论坛上做技术报告，并于2023年12月通过评审，获得水务专业正高级工程师专业技术资格。

工作期间，最感慨2022年1月由于新冠疫情而进入净水厂封闭工作的 8 天。事发突然，家人给予了最大的理解与支持；一条朋友圈收获无数的点赞留言，让我照顾好自己，注意安全；八天全身心投入厂区工作，让我拥有了最特殊的经历与震撼。

遥想从 2005 年上大学接触本专业到从事本行的工作至今，和水的不解之缘已有十几年。依然记得某天早起，在调节池看了一场治愈至极的日出，一片金光撒在水面上，温暖而又充满希望。终于明白了"上善若水，水善利万物而不争"的包容，明白了水滴石穿后内心的满足，也终于可以回答自己一直以来的坚持执着。原来一切都是最好的安排，水，知道答案。

2014—2024 年，恰逢毕业十年。整个毕业季，有幸读到了十篇高水平的学术论文，见到了有着各种联系的年轻的学弟学妹们，透过一篇篇情真意切的致谢拼凑了你们研究生涯的点点滴滴，亦仿佛看到了当年那个执着乐观的自己。感谢一直关心惦念照顾着我的老师们，让我在 2024 年的五月底六月初，体会到了缘分的奇妙，享受到了回家的快乐以及被包容和接纳的幸福。再回首毕业十年，终觉圆满，亦希望可以永远落笔成诗。

（摄于 2024 年 5 月毕业十年回母校作为企业专家参加硕士研究生学位论文答辩照片）

从南开环境公众号上看到了自己永远热爱与关注的南开环境学科即将迎来50岁生日，并举办校友系列征文活动，心下激动，借此机会，将我从事专业学习工作十多年的成长历程以及和母校、和水专业的情结做一个简要的回顾和汇报。衷心感谢我敬爱的博士生导师王启山教授，我尊敬的硕士生导师吴立波副教授，博士毕业实验指导老师鲁金凤教授，以及308的各位兄弟姐妹，2009硕士班及2011博士班的各位同学们。那一段携手同行的日子，是我一生中的宝贵财富。

兰菊幽谷，虽孤独亦芬芳，不争不抢，这是一种淡泊；梅开偏隅，虽寂静亦流香，不愠不火，这是一种优雅；水滴顽石，虽遇阻而不滞，不疾不徐，这是一种坚韧。心态当若兰，凡事都能看得通透；性情当似梅，学会在命运的冬季艳丽地盛开；意志当如水，能够包容才可有收获。经常漫步于盛开着荷花的湖畔，静坐于高大的总理像前，思考体会着这所大学、这几年的研究生生涯带给自己的思考与领悟。或许这种日渐成熟的思想和心态，才是这所学校、这段生活带给我的高于学习科研能力的最大收获。

十几年光阴弹指一挥间，我的每一步都在脚踏实地，竭尽所能，而每一份人生道路上的积淀都是我生命里浓墨重彩的一笔。欲买桂花同载酒，终不似，少年游；岁月清欢心自渡，步悠然，念清浅；与水结缘十余年，利万物，滴石穿；日新月异公能论，品如荷，志未改。今后，我愿化人生半壁于针线，和各位前辈、师长、同仁一起将水务行业这匹绣卷一点点编织壮阔，同时也把自己绣在这卷历史中。然无论前行多远，南开园里的依依杨柳和阵阵荷香以及在南开环科度过的那五年，都会是我人生中的珍贵回忆，在我记忆的长河中源远流长！

（校对：李科 刘金鹏）

作者简介：张怡然，南开环境科学与工程学院2009级硕士研究生，2011级博士研究生（硕博连读），环境工程专业，师从王启山教授，研究方向为水处理。2014年入职天津泰达水业有限公司，从事水处理专业相关的技术研发及管理工作。2023年12月通过评审获得水务正高级工程师专业技术资格，入选天津市城镇供水协会专家库专家，天津国资系统"国企英才培养工程"人才、天津市"青马工程"第六期培训学员。

南开环境学院教给我的一课

陈熹

2009年秋天我考入南开环境科学系，可是对环境科学毫无兴趣。我热衷读闲书，写话剧，办学生会，在网上和人吵架。

然而学习成绩总得保证。绝大部分课程不难，考试前两周总背得下来。线性代数好死不死总在周五晚上，我老是去参加学生会活动，几乎没上过课。

还有不能落后的是"做项目"。大二开始，同学都开始做一种"百项"，就是几个本科生组队找教授做研究。然而说是"研究项目"，总归是本科生给研究生打杂居多。

我也参加了好几种"百项"，可是一项也不感兴趣，他们叫我去，我便去。参加讨论时我总觉得浪费时间，可是不参加我又心里发慌。这"研究"使我感到惶惑。

其中一项大约是关于碳排放的统计分析。有一天我正在学生会讲的口沫横飞，"百项"组里同学告诉我，忽然到了中期答辩了。因为我能说会道，组里非要我上去讲。我一点不知道我们在做什么，可是我不好意思说出口，只好答应。我们为之打杂的大师姐编好了稿子，她说："放心吧，就是走个过场，老师不会难为你们的！"

中期答辩在蒙民伟楼302，我常在这做口沫横飞的演讲。我走上前去，看看下面，镇定一下：就当是一场普通的演讲吧。屏幕也不看，我开始滔滔不绝地讲背好的脚本，自信又流利，还加几个小玩笑。五分钟，十分钟，完事大吉。

然而接着到了教授提问环节，前排一位老师忽然举起手。

我的目光扫过去，他很胖，瘫坐在沙发上，戴着眼镜，脸煞黑着。他操着一股浓重的老式东北口音，一边翻看我们的报告，一边充满挑衅地问道："这个，陈熹啊，你刚才说要做'岭回归'分析，为什么做这玩意？"

我站在台上一愣：说好了走过场，问这个干什么？然而我总归是能说会道，镇定一下，开始讲起准备好的相关而没逻辑的玩意。

"停，停！"他摆摆手说道，"来，你给我讲讲啥叫'岭回归'？你为啥要作岭回归？"

我讲不出所以然。当然了，我在半小时前才第一次听说"岭回归"。

他低头翻看报告的作者名目，继续说下去："啊，这个，谁谁，就谁谁教你说'岭回归'，你就在这说'岭回归'啊？你懂么你就在这说？"

我愕然张着嘴看着他，脑子一片空白。

他盯着我，摆摆手，说道："我告诉你，这不是南开精神。"

有其他的老师赶快打圆场，我就强装微笑地下台。大师姐过来安慰我："这是王玉秋老师，他爱提点尖锐的问题，别放在心上，你表现的很好。"

我忘了我怎么回的寝室。我当然放在心上，我整整一周都忽忽不乐，我觉得我长这么大也没丢过这么大的脸。

大四上学期我的惶惑更重了。

我不知道我能干什么，我也不知道我自己想干什么。

学长学姐说的那些前程道路，我听见就觉得无聊。有时候我去新开湖，一直坐着发呆。

我的学习成绩很好，但我不想搞科研。我对科研没兴趣，我也没见到哪个搞科研的让我感到是榜样。

当然，我也觉得我不配。我又想起王老师骂我的那一幕："这不是南开精神！"

别误会，我一点也不怨他。相反，我越想就越佩服他。因为他说的每一个字都是真话。

我总归稀里糊涂地考了试，写了文书，把申请递给了美国的大学。到了大四下学期的春天，我给王老师发短信，想找他聊聊。

他把我带到化学楼的前面，笑呵呵地跟我谈话。他还是那么胖，不过出了会议室，脸上温柔多了。

我跟他提起我的惶惑，也给他讲了他骂我的故事。

"我啊，其实是很担心你们走歪路！"他似乎是怕我误会，赶忙给我解释起来。

"不不，我来找您，就因为您说的对。我佩服您。"我和他说。

听闻我可能要去 C 大学念硕士，他说："那很好，那很好。我儿子就在那念博士呢，你去了你找他去，去找他去。让他帮你的忙。本来呀，我是建议他去一个欧洲的研究所，人家那'有祖宗'。清高，他非得要上 C 大排名高，不听我的。"

我笑笑，很高兴地抄了他儿子的电话。

后面他又和我聊了不少，我都忘了。

我在 C 大学过得很苦。我当然没去找王老师的儿子。我谁也没找去。然而我常常想起他对我说的话："这不是南开精神。"

什么能算得上"南开精神"呢？我不知道。但最起码，我做事就老老实实做，说话就努力说真话。我不想毕业多年回到母校，还是没脸见王老师。

在外面我遇见不少人帮我的忙，也教育我。慢慢地我知道什么叫作科学了，我爱上科学了。我要做科学，我要追求真理。

毕业十一年了，我一直从事科学研究。说不上做得好，但我没造过假，没骗过人，我做的说的都是我懂的，我不懂的就不乱说。

这就是南开环境学院教给我的一课。

（校对：李科 刘金鹏）

作者简介：陈熹，教授，本科毕业于南开大学环境科学系（2013），先后取得伊利诺伊大学香槟分校（UIUC）环境工程硕士（2015）、哥伦比亚大学（Columbia University）环境工程博士（2020）。2020—2023年在斯坦福大学（Stanford University）化学工程系从事博士后研究。着眼于解决水、能源、环境的挑战，发展可持续的分离技术，研究领域包括：1.发展新过程和材料精准回收锂资源，2.处理和管理高盐度废水，3.深入理解水处理膜的分离机理，4.废热的利用。

五十载薪火相传，共忆南开岁月

张 颖

南开的三年于我而言，学知识固然为主，学做人收获更深。

2019年进实验室之初的角色是帮师兄搓鱼食的小帮手，心思不在怎么得到实验结果上，只是觉得定期喂喂鱼很有趣，师兄也说要把他们当朋友，这样实验做起来不会太枯燥，这个思路也很大程度影响到我后面做实验的心态，做实验是跟朋友的相处日常就不会在意结果失败了，可以称作苦中作乐，只是后来师兄解剖实验用鱼的时候真是舍不得。

等能够自己独立承担实验项目时，我确实也面临了很多次失败。第一次暑假休假的时候，毕竟要离开实验室十几天，我觉得测完的样品不处理掉实在是看着难受，于是就一口气全倒了。等到返校之后仔细处理实验数据时，我才发现稀释的时候加错了溶液，想再测一遍却意识到样品已经被自己不合时宜的断舍离都处理掉了，只好重新来过。经此一事总结的经验教训是实验样品一定要写好名字并妥善保管，直到实验数据越来越规律，我的情绪才越来越稳定了。

我很享受晚上十点之后把实验台收拾好装枪盒的时刻，移液枪的枪头从 20μL 一直到 10mL，整整齐齐地码进盒子里，跟课题组伙伴聊聊今天的新鲜事，枪盒装满仿佛这一天的实验思路也梳理完毕，才算一个完整的结束。后来压力大起来，就喜欢去校园里跑步，把压力变成汗水，再回去打开修改了无数次的文章，又觉得能量加满了。不过三伏天的时候还是要注意休息，最好在空调房里释放压力才比较安全。

"既然选择了远方，那便只顾风雨兼程"，我的实验室时光把这句话变得立体了，当时心里只有一个目的地，每天就只顾着走好脚下的路。直到现在，这句话依然深深影响着我，急于实现目标就会变得焦虑，沉迷复盘错误就会陷入消极，做好今天的实验才是最大的进步。在课题组和学院整个大环境的培养下，从一开始的迷茫没有方向，到后来内心变得坚定自信，并深谙坚持的意义，如何用科学的眼光看待世界，都是我在这里得到的宝贵财富。

我的导师汪磊教授在毕业典礼上送给我们的毕业寄语也时刻支撑着我前进："希望大家保持学习的习惯，希望大家在人生当中保持平和但进取的心态，希望大家保持对社会的信任和宽容"，每每回味都会有新思考。很荣幸在南开环科院的求学阶段能得到汪老师的指导，也庆幸在这里结识到了几位挚友，借此祝愿课题组 A339 枝繁叶茂，熠熠生辉。

毕业后，我选择从事新能源行业，多年积累的理论知识和工作内容交叉并不多，从学校集体生活到社会独立行走的转变也让我的生活出现了很多新挑战。但每当遇到困难的时候，南开赋予我的乐观和坚韧总能提醒我再坚持一下。毕业两年有余，我逐步取得了一些成绩，每次进步的背后都离不开学院提供的深厚土壤。

行文至此，求学岁月历历在目，这是我一生中最珍贵的时光。无论走得多远，我始终以学院为荣，以南开精神为指引。

作为一名校友，我深知学院的辉煌成就离不开一代又一代师生的共同努力。从严谨治学的教授们，到一批批为环境保护事业奋斗的学生，南开大学环境科学与工程学院已经成为环境科学与工程领域的重要学术高地，也为中国乃至全球的生态文明建设贡献了不可或缺的力量，而未来的道路也将更加广阔。

我相信，在新时代背景下，学院将继续发挥学科优势，为解决全球环境问题贡献智慧与力量。我期盼学院能够培养更多具备全球视野和创新能力的复合型人才，让更多人感受到环境科学的力量。

五十年的积淀是基石，而未来则需要一代代南开人共同书写。作为校友，我将继续关注学院的发展，尽己所能为母校贡献力量。

愿南开大学环境科学与工程学院在新的征程上，薪火相传，再创辉煌！

（校对：李科　刘金鹏）

作者简介：张颖，女，南开大学2022届环境工程专业硕士研究生，师从汪磊教授。在校期间获"南开大学优秀毕业生""南开大学优秀硕士论文""硕士研究生国家奖学金""南开大学三好学生"等荣誉和奖励。现就职于中国节能风力发电股份有限公司。

常忆南开深教诲，兼备公能展风采

王宇佳

光阴似箭，岁月匆匆，不觉间南开大学环境学科已走过五十载春秋岁月。我是2019级环境管理与经济专业硕士生，2022年毕业。如今离校两年有余，南开大学环境科学与工程学院一直指引着我前进的方向。

忆校思绪深，"南开环科人"时常感念青春过往以梦为马、不负韶华。我记得百年南开无尽美丽，那是夏夜马蹄湖面的微风涟漪、冬日木斋馆顶的皑皑白雪；记得只争朝夕心系科研，有着难得拟合的预测曲线、反复修改的毕业论文；记得相遇相识万缕情愫，怀念开学典礼场馆内振聋发聩的"爱国三问"、师生好友共同成长的青葱岁月。在宝贵的三年时光里见世面、学本领、长才干，南开环科院给予我脚踏实地的纯真、直面困难的勇气、服务奉献的情怀，使我受益无穷，每次回忆起来，都觉得昔年时光真挚宝贵。

离校心未远，"南开环科人"积极投身环保事业乘风破浪、施展才华。离开南开后，工作中的很多场景让我觉得亲切熟悉。曾经穿着南开紫马甲活跃于新生接送、扫雪铲冰、科普实验等志愿活动，如今成为地区平安志愿者参与重大会议活动期间服务保障；曾经困于云里雾里的研究问题、堆积如山的实验数据，如今在千头万绪的工作进展中提炼总结经验方法；曾经践行"服务同学，奉献南开"理念参与学生工作，如今全力以赴保障地区居民生活舒心便利。我想，在各行各业辛勤付出、施展才华的校友院友都有同感，南开环科院求学时期研学的知识、培养的技能、积累的经验，成为我们在工作岗位上闪亮光彩的底气。常怀一颗公心，尽展全身所能，广大毕业生在百年南开精神指引下将小我融入大我，青春奉献祖国，立足工作岗位向下扎根、向上生长，辛勤耕耘、开创业绩，终将成为生态环境事业的重要力量。

念校情更切，"南开环科人"愈发欣喜母校学院光彩熠熠、生机勃勃。我见到学院瞄准国家战略需求和学科最新前沿，潜心理论与技术创新，高质量科研成果不断涌现，2024年环境科学与生态学学科首次进入基本科学指标数据库（ESI）全球前1‰，部分成果国际领先。我听闻学院教师积极参与教学改革，推进教学成果总结，近年来频获国家级教学成果奖二等奖、天津市教学成果一等奖；培养形成1支国家级教学团队、3支天津市级教学团队，教学质量水平不断提升。我知晓学院持续完善具有学科特色的"三全育人"新格局，注重学生德智体美劳综合发展，激励带动创新创业、成才成长，强化高校生涯教育及就业指导，引导带动毕业生高质量充分就业，"环抱未来"、成就梦想……每每关注到学院动态，都会感念母校学院发展壮大，形势喜人，期待学院愈发年轻、焕发光彩！

在南开大学环境学科成立50周年的历史时间节点上，恭祝辛勤工作的老师、同学勇攀科研高峰、万事顺心如意！衷心祝愿广大校友徜徉广阔天地之间建功立业、不负时光！

（校对：李科 刘金鹏）

作者简介：王宇佳，女，中共党员，南开大学环境管理与经济专业2019级硕士，现任职于北京市西城区人民政府西长安街街道办事处。在校期间曾任南开大学研究生会主席团成员、南开大学第十次党员代表大会代表、党支部书记、生态文明宣讲团团长。曾获天津市优秀学生干部、南开大学优秀毕业生、优秀学生干部、优秀共青团干部、研究生优秀共产党员、党员敬业模范先锋等荣誉。

海棠花开满了三年，洒满了未来每一条路

刘 滢

硕士生活如同一场春日旅程，三年时光宛如学院旁思源道上盛开的海棠花，从悄然萌芽到满树绽放，再到花香弥漫，最后深深植入心底。此刻回望这段旅程，一树树海棠花承载着往昔与回忆，也为未来每一条路洒满希望与光芒。

初见海棠：希望的萌芽

2019年夏天第一次来到环境学院，一群穿着"南开紫"衣服的环境学子齐聚夏令营：参加学术讲座、参观实验室、准备面试，短短两天时间我们就感受到了学院浓厚的学术氛围、优质的学术资源和日新月异的进取精神。2020年初秋再次来到环境学院，海棠花虽未绽放，但校园里粉白与翠绿交织的景象已印象深刻。带着本科阶段的稚嫩和对研究生生活的憧憬，我开始第一次与导师沟通研究方向、进入Me+Lab实验室操作仪器、参加组会交流讨论；课题组温暖的科研氛围让我快速适应硕士生活，也对未来充满希望。

花开正盛：坚持地绽放

从实验不知道如何搭反应器、怎么测数据、画出好看的数据图，到可以同时进行多组实验、尝试不同表征方法、掌握不同数据处理软件，导师的方向指引和师姐的耐心讲解，让我明白搞科研不仅是技术与理论的堆积，更是培养自己发现问题、解决问题的能力。同时，学院也积极为大家提供丰富的实践锻炼机会，提升综合素质能力。硕士期间，我连续担任三届"公能朋辈导师"、兼职辅导员、资助分中心负责人，参与硕博研究生奖学金和荣誉称号的评选工作、完成全院课题组硕士研究生助研津贴发放、协助组织疫情期间线上校友讲座等，这些实践经历快速提升了我的组织协调、沟通交流和团队合作能力。每一次进步与成长，仿佛都在为心中的海棠浇水施肥，让它从微不足道的花苞逐渐成长为灿烂的花朵。

花影相伴：温暖的芬芳

三年间不仅是学术的沉淀，更是友情的滋养。在学院我很幸运地结交了志同道合的朋友，曾与室友一起深夜里赶论文相互鼓励、合作申报"知行南开"创新项目、分享日常生活烦恼，与同门和师兄师姐一起探讨实验问题、厘清研究思路，与不同学院队友一起参与"立公计划"暑期挂职锻炼活动、进行"梦圆南开"公益宣讲，与辅导员老师讨论未来工作规划、分享生活烦恼，每一次互动都让我感受到温暖与支持。正是这种温暖，让我在忙碌的学术生活中找到了一份归属感，也让我在学与做、知与行的统一中不断开拓进取、笃行不怠。

花落成实：感恩与展望

三年时光如同海棠花期般短暂，却无比美好，感谢在学院遇到的可爱又可敬的人儿，感恩导师的引领与支持、学院提供的资源与平台、朋友们的陪伴与鼓励。毕业之后，我们走向了不同的城市，踏上了不同的道路，但海棠的芳香已然洒满了未来每一条路。

（校对：李科 刘金鹏）

作者简介：刘滢，中共党员，南开大学环境工程专业2020级硕士研究生，曾担任环科院"公能朋辈导师"、兼职辅导员、资助分中心负责人，荣获研究生"优秀毕业生"、研究生"抗疫青年先锋"、党员"爱心公益先锋""优秀学生干部""优秀公能朋辈导师"等荣誉称号。

同窗四载情绵长，绿韵润心寝室藏

姚瀚禹　杨汉钊　闫文卿　钟金宇

2019年的夏天，我们共同相聚在南开园，相聚在环境学院，相聚在学9-233宿舍，来自天南海北的我们，还听不懂对方的方言，还不了解舍友的习惯，但我们共同见证了南开的百年华诞；2020年突如其来的新冠疫情，同学们居家隔离停课不停学，我们在宿舍群里每天交流学习；2021年我们的课业更加繁重，我们参与大创项目，开启了自己的科研生涯；2022年天津迎来"奥密克戎"大考，我们积极响应，勇担先锋，用行动抗击疫情，同时也是我们备战保研考研的一年；2023年是我们同在南开的最后半年，我们顺利毕业共赴美好前程。请大家来听一听我们各自的故事。

姚瀚禹：

在实验室调试分光光度计时，移液枪与比色皿碰撞的叮咚声，总让我想起五大道的海棠花瓣坠入土壤的轻响。在环协三年，水质监测已成为必修课，那些跃动在滴定管里的数据曲线，与旧书集市上流转的墨香奇妙地重叠，构成了环境人特有的浪漫光谱。

在鲍艳宇老师指导下开展的微塑料老化研究，让我在电镜世界里窥见环境变迁的惊心动魄。当土壤中的抗性基因随老化微塑料迁移时，实验室通风橱的嗡鸣仿佛大地深沉的叹息。那些与同门在实验室的深夜，被咖啡渍浸染的草稿纸里，藏着破解生态密码的执着。

那年四月，我们骑着单车穿越五大道海棠花雨奔赴东疆湾。当赤红朝阳跃出海平面，咸涩海风裹挟着潮声掠过采样箱，忽然懂得环境科学不仅是实验室的微观解析，更是天地间生生不息的壮阔叙事。如今我虽毕业近两年，但南开岁月里那些在数据与诗意间起舞的晨昏，依然在指引着我在环境保护的长路上且歌且行。

杨汉钊：

在大学四年的学习生活里，我初次正式踏入实验室工作是在大创时期，每天清晨，到达实验室给土壤样品浇水、取样、测样，暑假也在悉心照料微塑料和土样，确保它们处于最佳的模拟状态。傍晚时分，我会和同学在晚霞的映照下前往理科食堂三楼，享受一天中最放松的时刻，晚上回寝室和同学聊聊天，期待能够一起向着最荣耀的高峰攀登，交流每天的学习心得，互相鼓励，不抛弃，不放弃。在学校生活的空闲时间里，我也会骑上共享单车，迎着朝阳前往天津的海边，再踏着晚霞回到学校，这一路上穿过城市的喧嚣，感受微风拂面的惬意，看海面上波光粼粼，与天边绚烂的云彩交相辉映。大学四年的校园生活宁静而美好，和谐而温馨。

闫文卿：

在南开环境学院度过的本科四年，如同一幅绚烂的画卷，镌刻在我心间，成为我人生旅途中最为珍贵的篇章。在那段时光里，我们宿舍成员间共享着对"王者荣耀"的热爱，课余时间，我们常围坐一起，沉浸在游戏的欢乐中，而这份乐趣也吸引了学院其他游戏爱好者的纷至沓来，使得宿舍每日都洋溢着七八人的欢声笑语，热闹非凡。

在学术探索的道路上，我未曾懈怠。在课内学习之余，我有幸加入了王鑫教授的课题组，投身于大创实验的浩瀚海洋。在王鑫老师和陈妹老师的悉心指导下，我踏上了科研的征途，探索希瓦氏菌合成纳米银的奥秘，并将其应用于染料的降解之中。这一过程不仅锤炼了我的科研能力，更培养了我独立思考与解决问题的能力，让我受益匪浅。如今，我已在王鑫教授的课题组中继续深造，致力于更深层次的学术探索。而那三年抗疫的历程，则是我人生中不可磨灭的记忆。

作为学生骨干，我充分发挥党员的先锋模范作用，积极响应号召，投身志愿服务。在学院本科防疫工作的重任面前，我主动请缨，勇于担当。这段经历不仅是对我意志与能力的考验，更是对我个人成长的磨砺。在这段特殊的时光里，我尤为感激我的辅导员高世哲老师。他不仅传授给我知识，更以言传身教的方式，让我领悟到了许多人生的真谛，对我的全面发展起到了至关重要的作用。

回望过去，我深感那段在南开环境学院的时光是如此宝贵与难忘。它见证了我的成长与蜕变，也为我未来的道路奠定了坚实的基础。

钟金宇：

在环科院的科研时光里，仪器运转的嗡鸣与试剂瓶的轻响交织成探索的乐章。初次操作扫描电镜时，导师手把手教我调整参数，当屏幕上清晰浮现出微塑料表面崎岖的纳米级结构时，那些抽象的污染物突然变得触手可及。液相质谱联用仪的工作台前，我们常伴着夜晚的星光追踪污染物降解路径，看着色谱峰在质谱图上有序绽放，如同破译环境毒物隐匿的分子密码。最难忘的是搭建高级氧化反应装置的日子，当自主设计的催化剂在紫外光下将艳红染料废水褪为清澈时，团队欢呼声中饱含着对绿色技术的信念。这些精密仪器不仅是科研利器，更是环境人守护碧水蓝天的铠甲，在数据与现象的碰撞中，我们既触摸着微观世界的奥秘，也扛起了修复生态的使命。

怀揣着初心使命，四名同学在本科期间全部加入中国共产党；意识与操作结合，四名同学的王者段位全部荣耀；肩负着科研热情，四名同学在本科之后全部读研。虽然大家又像 19 年一样天各一方，但永远都记得那个学 9 二楼离楼道最近的宿舍，宾客络绎不绝，欢声笑语不断。祝愿我们自己和所有南开环境人万事胜意，前程似锦。

（校对：李科 刘金鹏）

(摄于2023年6月南开大学津南校区2019级学9-233宿舍合影)

作者简介：姚瀚禹，2019级环境科学专业本科生，现硕士就读于南京大学。

杨汉钊，2019级环境工程专业本科生，现硕士就读于南开大学。

闫文卿，2019级环境工程专业本科生，现硕士就读于南开大学。

钟金宇，2019级环境科学专业本科生，现硕士就读于复旦大学。

第四部分

青春献礼　在校师生庆贺之声

梦起南开，墨染环境

纪 凤

高中的一次研学，让我有幸遇见了百年的南开。在周总理像前、南开校钟旁、元素有机化学研究所里，我的内心充满敬畏与激动，一颗名为南开的种子逐渐扎根、萌芽。两年后，接到录取通知书的那一刻，两颗莲花种子带来了属于南开的浪漫与期待，两心相映，息息相通，一段故事悄然开始。

"芝兰生于深林，不以无人而不芳；君子修道立德，不谓困厄而改节。"在芝兰书院，作为大一新生的我开始真正去了解环境学科在做什么。在李洪远老师的带领下，我们游览校园，近距离观察秋季植物，采集树叶并制作标本；在孙红文老师、张鹏老师的带领下，我们前往天津实验林场，去了解生态环境修复；在卢学强老师的讲述中，我们探索生态摄影的乐趣；在王鑫老师的讲解里，我们亲手制作生物电池装置，体会土壤细菌发电的奇妙过程。在芝兰书院，我感受到了老师的关爱、同学的帮助、专业的乐趣，也逐渐坚定了自己学习环境专业的决心。

每当提到环境学科"为可持续发展而生，为美丽中国而战"的使命，我的内心都十分的振奋，这也激励我在环境专业的探索之旅中一往无前。专业知识是向上攀登的基石，《环境化学》《环境工程学》《环境生态学》《生态安全与环境健康》……这些专业课程丰富了我的知识，我也在不断地实践中得到成长。在土壤修复关键技术与综合工程调研中，我去到了京津农药厂污染地块、原中盐安徽红四方氯碱化工污染地块，了解到主流、前沿的土壤修复技术，实地与环保企业、施工单位开展交流，不仅深刻认识到修复技术从理论过渡到实践存在的问题，更进一步加深了我对于环境领域问题复杂性、社会性的了解。在学院的支持下，我第一次踏出国门，参加了新加坡访学活动，这引发了我新的思考，要做国家发展需要的实干人才，将科研与国家需求、环境问题紧密结合，并将研究成果成功运用于实际，有效且高效地解决环境问题，为中国的绿水青山作出自己的一份贡献。最终，我选择在环境专业继续深造，在大气污染治理领域探索前行。

"人生得一知己足矣，斯世当以同怀视之。"大学之中，友谊珍贵。来自五湖四海的同学相聚于环境学院，我们一起学习，一起成长，一起追逐梦想，如璀璨星辰共同闪耀着青春光芒。

路漫漫，赋热忱于环境，托未来于希望。很荣幸，在大学的最后时光里遇见了五十年的环境学科。我期待在未来的日子里，能够与更多的伙伴携手并肩，为可持续发展贡献力量，实现人与自然和谐共生的美好愿景。

（校对：朱亚强 屈楠）

作者简介：纪凤，女，汉族，中共党员，2002年11月出生，山东济南人，2021年入学，现为南开大学环境科学与工程学院环境科学专业本科四年级学生。

悠悠绿韵润环境，拳拳期许映学科

范英旭

光阴荏苒，回首自己与南开大学环境科学与工程学院的点滴历程，满心感慨与感激。从初入校园的懵懂，到在学术和实践中不断蜕变，这段历程不仅充满挑战，更让我获得了无尽的力量。南开环境学科的五十年辉煌历史与我个人的成长轨迹相交织，共同书写了一段难忘的岁月。

初识环境，逐梦南开

初次接触环境学科，我便被它的使命感深深吸引。它不仅是一门学科，更是一份为生态文明建设贡献力量的责任。带着对这一学科的憧憬，我踏入了南开大学环境科学与工程学院的大门。从入学之初，学院深厚的学术积淀与开放包容的氛围就令我感到振奋。在这里，我有机会接触到优秀的导师团队和志同道合的同学，开启了属于我的环保旅程。

我的研究方向聚焦于区域间生猪贸易与碳排放。围绕这一主题，我深入学习并运用了生命周期评价、地理信息系统和双约束空间交互模型，尝试揭示区域贸易在温室气体排放中的关键影响。研究过程中，我对不同省份的生猪生产碳排放强度展开了系统测算，并模拟了跨省贸易对全国温室气体减排的影响。数据整理、模型构建、结果验证,每一个步骤都伴随着挑战,也让我对科学研究的严谨性和重要性有了更深刻的体会。

(摄于2022年9月南开大学环境科学与工程学院新生素质拓展活动)

学术之外,丰富的实践与服务

在南开求学的岁月里,我不仅专注于科研,还积极投身于社会实践活动,力求将所学知识服务于社会。在"师生四同"社会实践活动中,我随队前往甘肃庄浪,调研当地的现代化发展进程,深切体会到环境保护与乡村振兴的紧密联系。这次调研不仅拓宽了我的视野,也让我认识到环保工作在欠发达地区的重要性和迫切性。

同样令人难忘的还有江西赣州大田中心小学的支教经历。在支教的半个月里,我不仅为孩子们教授科学知识,还和他们分享环保理念。课堂上,那些稚嫩的面孔充满了对未知的好奇,也让我更坚定地相信,环境保护的未来需要从教育开始。看到学生们用稚拙的画笔描绘出"蓝天白云"的理想场景,我感到无比欣慰。

与此同时,我作为研究生会主席,组织策划了二十余场涵盖学术、文化和职业规划的活动。这些活动不仅为同学们提供了展示自我的平台，也营造了积极向上的校园文化氛围。在志愿服务方面，我担任"新污染物会议"交通组组长和"SETAC 国际会议"志愿者协调员。这些经历让我认识到，环保事业不仅需要理论支持，更需要社会各界的广泛参与、合作。

挑战与成长并行

科研、实践、服务三者并行让我始终处于不断成长的状态。然而，这段旅程并非一帆风顺。在我的研究中，模拟跨省猪肉贸易时需要处理大量复杂的数据，对模型的构建和校验提出了很高的要求。每当结果与预期相差甚远时，我都会陷入沮丧。然而，在导师的指导和团队的支持下，我逐渐学会冷静分析问题，找到合适的解决方案。

在支教活动中，我也经历了从不适应到逐步融入的过程。从初到学校时的茫然无措，到与学生们打成一片，这种心态的转变让我感受到教育对个人成长的深远影响。支教结束时，当学生们依依不舍地拉着我的手，问我是否还会再来时，我的内心充满了感动和责任感。

展望未来，不忘初心

南开的精神不仅塑造了我的专业能力，更让我深刻领悟到"知中国，服务中国"的责任与担当。毕业后，我希望将科研与实际需求结合起来，把在南开学到的知识与方法应用于实践，为国家"双碳"目标的实现贡献自己的力量。

具体而言，我的研究成果可以为区域减排政策的制定提供数据支持。例如，通过分析各省生猪贸易中的碳排放差异，可以优化产业布局，推动低碳农业的发展。我也期望能与更多领域的专家学者合作，探索解决环境问题的综合路径，为构建生态文明和可持续发展的社会添砖加瓦。

在南开环境学科成立五十周年之际，我心怀感激，感念学院给予的扎实学术培养和广阔视野，也感恩遇见的每一位老师和同学。他们的鼓励与支持让我更加坚定地前行。悠悠绿韵润环境，拳拳期许映学科。我相信，南开大学环境科学与工程学院的未来将更加璀璨，南开环境人的卓越品质与使命担当也将被一代代传承下去！

（校对：朱亚强 屈楠）

作者简介：范英旭，现为南开大学环境科学与工程学院硕士研究生，致力于研究农业领域的温室气体排放及其区域影响。作为研究生会负责人，组织策划了20余场学术、体育等活动。社会实践与志愿服务总时长超过300小时，并在多项社会实践中担任重要角色。

我的学院，我的故事

闵宇玉

在南开大学环境科学与工程学院攻读硕士学位的两年时间，充满了成长的收获与温暖的记忆。值此南开环境学科 50 周年华诞之际，我愿以自己的经历书写与学院共同前行的点滴，展望属于我们的美好未来。

初入学院：学习与探索的开端

两年前，我带着对环境学科的热爱与对未来的憧憬来到南开大学，开启了硕士研究生生活。初次踏入学院，宽敞明亮的实验室、井然有序的教学楼以及蓬勃向上的学术氛围让我倍感亲切。

作为环境工程学科的学生，我的研究聚焦水处理与资源化。在导师和师兄师姐的悉心指导下，从文献阅读到实验设计，从数据收集到结果分析，我逐渐熟悉了科研的基本流程。起初，面对大量复杂的学术论文和庞杂的数据时，我也曾感到迷茫；但也耐下了性子，逐步找到科研的节奏，慢慢积累起解决问题的信心与方法。在一次次实验和数据分析中，我感受到了探索未知的乐趣，也明白了环境保护事业的重大意义。

实践与责任：成长于校园内外

学院的教学理念注重理论与实践相结合，这为我提供了丰富的成长机会。作为研究生会的一员，我积极参与并组织了多项活动。这些活动不仅增强了我的组织能力，更让我深刻感受到学术交流的重要性，尤其是在环保领域，不同视角的碰撞往往能激发出更具创造力的解决方案。

在志愿服务方面，我有幸参与了第 14 届 SETAC 国际会议的志愿服务工作。会议期间，我负责会场工作，为中外专家学者提供服务。这项工作让我有机会了解环境领域的最新研究动态。通过与国内外学者的交流，我更加坚定了自己的研究方向，也意识到推动环境保护需要全球共同努力。

科研与成长：专注于环境保护的探索

科研的道路上，困难与挑战并存。有时，面对冗长的数据处理过程，我会感到疲惫；有时，实验结果与预期相差甚远，也让我倍感挫败。然而，每当一个难题被攻克，看到自己的研究成果逐步形成时，我都感到无比的满足与骄傲。这种成就感让我更加热爱我的研究方向，也更加坚定了以科研助力环保的决心。

展望未来：与学院共创辉煌

不觉间南开大学环境学科已经走过五十载春秋岁月，这既是对历史的回顾与致敬，也是走向未来的新起点。作为一名硕士研究生，我深知学院提供的优质资源与平台为我们的成长奠定了坚实基础。在未来的日子里，我希望自己能够继续深耕科研领域，探索更多环境治理的有效路径，为实现"双碳"目标贡献力量。同时，我也希望将研究成果转化为实际应用,为社会带来更多积极的变化。我深信学院未来必将培养出更多优秀的环境保护人才,我也期待能够与学院一同成长,在更广阔的领域为生态文明建设贡献绵薄之力。

致敬学院:感谢一路同行

在学院的学习和生活不仅让我提升了专业能力,还让我对人生有了更深刻的思考。南开校训"允公允能,日新月异"始终激励着我,而学院营造的良好氛围则是我坚持努力的重要动力。

南开环境学科 50 周年华诞既是所有师生共同的庆典,也是属于我们这一代人的荣耀。在此,我想对学院的老师、同学以及工作人员表示感谢,正是有了你们的支持与帮助,我们才能在科研和生活中取得今天的成绩。

展望未来,我期待自己能够继续在环境科学领域深耕,与学院共同书写更多辉煌的篇章!

(校对:朱亚强 屈楠)

作者简介:闵宇玉,女,南开大学环境科学与工程学院2022级硕士研究生,专注于水处理与资源化的研究方向,已发表学术论文 4 篇,探索水处理技术的创新方法以及资源回收的有效途径。

青春献礼，逐梦未来

刘 宇

时光荏苒，岁月如歌。在这个特别的日子里，作为环境科学与工程学院的一名学生，我怀着感恩与祝福，为学院的辉煌与成长献上最真挚的祝愿。岁月的积淀造就了今日的累累硕果，而我们也正站在先辈们铺就的道路上，向未来昂首迈进。

一、见证成长：学院的辉煌与力量

南开环境学科走过的岁月，是一段充满奋斗与辉煌的征程。从最初化学系中的环境保护专业到如今环境科学与工程学院，南开环境学科为国家培养了一批批优秀的环境专业人才，也在学科研究与社会贡献中谱写了辉煌的篇章。作为学生，我有幸本硕均就读于南开大学环境学院，在先进的实验室、广阔的平台中，不断成长超越；在治学严谨的学风中，不断求真探索。

二、求学之路：逐梦与感恩同行

2017 年 8 月，我初次走进学院，在这过去的七年时间里，我从志忑的期待到逐渐融入这个大家庭，学院给了我梦想的方向与追求的动力。课堂上的点滴收获、实验室里的苦乐交织、实践工作中的脚踏实地……每一个日夜，我都能感受到学院对我们成长的呵护与关怀。在老师们的引领下，我接触到了环境科学前沿的知识，也深知这不仅仅是一门学科，更是一份责任。作为环境科学与工程专业的学生，我们应该以实际行动践行"绿水青山就是金山银山"的理念。

三、展望未来：用奋斗书写辉煌

如今，站在学院发展的新起点，未来的画卷已然展开。作为一名在校学生，我愿与学院共同成长、共同进步，在更多的科研项目中见证突破，在更多的社会实践中履行环境人使命，以青春之我，服务祖国生态文明建设。学院的辉煌，需要每个人用奋斗去书写。作为新一代环境学子，我将铭记学院的教诲，珍惜这段求学时光，不断锤炼自我、追求卓越，用实际行动为学院的发展贡献自己的力量。

四、寄语学院：桃李芬芳，再谱新章

值此学科庆之际，我相信，未来的岁月里学院必将迎来更辉煌的成就，培养出更多志存高远、脚踏实地的南开环境人，为祖国的绿水青山贡献新的力量。以青春为笔，以奋斗为墨，书写属于环境科学与工程学院的光辉篇章！祝愿南开环境桃李满天下，弦歌不辍，再创辉煌！

（校对：朱亚强　屈楠）

作者简介：刘宇，中共党员，南开大学环境科学与工程学院 2023 级环境科学专业。曾获南开大学 2021—2022 学年度"学业优秀奖学金"；南开大学 2021—2022 学年度"学业进步奖学金"；南开大学环境科学与工程学院 2021 年"优秀共青团干部"；南开大学 2022 年"优秀共青团干部"；南开大学 2023 年"优秀共产党员标兵"；南开大学 2024 年"三好学生"。

温暖的旅程：
在南开环境学院的青春记忆

廖 倩

2019 年，我怀着无限期待与忐忑的心情，迈入了南开大学环境科学与工程学院的大门。大学的第一天，我就感受到这所百年名校的厚重与温暖。那一年，我写下了入党申请书，开始了在思想和实践中追求进步的旅程。经过不断地学习和锤炼，我在党组织的培养下光荣地成为一名中国共产党党员。这一身份不仅是一种肯定，更是一种责任，时刻提醒我要坚定信念、以行动书写初心。

2020 年的新冠疫情让我们的大学生活按下了暂停键。大一时，不能返校的我们不得不在家中通过线上教学完成部分课程。然而，尽管距离拉远了，我依然能感受到老师和学院对我们的关怀。那时候，课程需要的专业书籍在学校，是老师们亲自帮忙邮寄到家中。他们不仅关心我们的学习进度，更牵挂着我们的身体和心理健康，时常在班群中询问我们有没有遇到困难。老师们的关怀和鼓励，即使隔着屏幕，也让我感受到一种踏实和安心。那时候，我和 219 的室友们一起度过了许多美好的时光，无论是学习上遇到问题，还是生活中遇到困难，大家都会毫不犹豫地伸出援手；一起熬夜备考、分工打扫宿舍、为对方排忧解难，这些点滴让我感受到真正的温暖与陪伴。而环境学院的学习氛围更是宽松但积极的。我在实验操作方面一直不是特别擅长，身边的同学和老师都给予了我无私的帮助；同学教我如何操作仪器，耐心解答我的每一个问题；老师们总是倾尽全力指导，哪怕是最简单的步骤，也愿意一遍遍讲解，直到我们完全掌握。这样的支持不仅让我在学习中找到信心，也让我真正体会到什么叫"共同成长"。到了大三，我的成绩在班级中只能算中等，对申请奖学金从未抱有希望，但我们学习委员却不断鼓励我，提醒我不要轻易放弃；最终，我顺利获得了学业优秀奖学金。经历了这些点点滴滴，我感到无比幸运，也更加珍惜周围这些可爱的同学和朋友们。

本科的四年转瞬即逝，我有幸继续留在南开攻读研究生。研究生的学习模式与本科完全不同，这种转变让我在初期感到无所适从，面对更加独立的课题研究和学术压力，我一度非常迷茫。在我最沮丧的时候，是慧敏师姐耐心地开导我，不厌其烦地和我分享她的学习经验，教我如何寻找学术资源、分配时间，这种面对面的真诚交流让我逐渐从困惑中走出来，重新找到方向。同样幸运的是，我的本科好朋友也选择留在南开读研，她的陪伴让我在这段过渡期不再孤单。一起讨论学术问题、一起面对挑战，我们的友谊因为这些共同经历更加深厚。过去这一年，我与三个有趣的室友住在一起，我们一路经历宿舍的搬迁，最后落脚在620宿舍，这里成了我们的"温暖小家"。无论是繁忙的学术生活，还是偶尔的闲暇时光，我们总能找到彼此的陪伴与支持，我们会在深夜一起讨论生活中的趣事，也会在考试周相互督促学习。她们不仅是我的室友，更是我人生旅程中重要的朋友。

回顾这些年，我觉得自己是无比幸运的。从疫情中老师们的关怀，到同学们的无私帮助；从师姐、师兄们的悉心指导，到朋友的默默陪伴；从实验室里的挑战，到宿舍里的欢声笑语，每一段经历都让我感受到人与人之间的真情。南开环境学院不仅教会了我专业知识，更塑造了我的思想与品格。在这里，我学会了如何去关心他人、如何去面对困难、如何在团队中互相支持，我收获的不只是学术上的成长，更是人生的宝贵财富。未来的日子，我会以更加坚定的信念，迎接每一个未知的挑战。我相信，这里带给我的温暖与力量，会一直陪伴我走下去，成为我追逐梦想的动力。

（校对：朱亚强　屈楠）

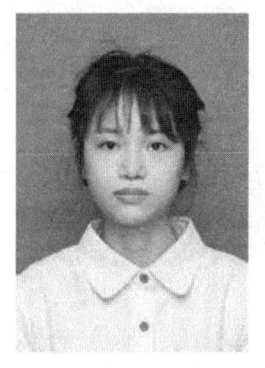

作者简介：廖倩，中共党员，南开大学环境科学与工程学院2023级环境管理与经济专业硕士研究生。曾获全国大学生数学竞赛（非数类）三等奖；第三届天津市危险化学品使用及防护知识大赛第二名；南开大学2020—2021学年度"学业优秀奖学金"；南开大学2021—2022学年度"学业优秀奖学金"；南开大学环境科学与工程学院2021年入党积极分子培训班"优秀学员"；南开大学2023—2024学年度"立公类专项奖学金"。

我的青春阅读不只是书

刘乙晓

初入南开时,我心中充满了对未知的好奇与一丝不安。进入实验室,可谓神秘又陌生——复杂的仪器、堆满书籍和文献的书架、同门忙碌而专注的身影,我不禁感到一丝迷茫。我该如何在这里找到自己的位置?能为科研贡献些什么?看似基础的实验任务,简单重复的工作,也能体会到科研的严谨与细致。每一次实验条件的微调,每一次数据的记录与分析,都要求极高的耐心与精确度。在这个过程中,我学会如何设计实验方案,如何有效管理时间与资源,更重要的是,学会从失败中汲取教训,不断调整策略,向前迈进。

人生,需要在迷茫中突破,本来就不排除,那些泪水背后的思考、觉醒和长大。进入南开已逾一载春秋,我逐渐融入实验室。在这里,我们共同面对科研路上的挑战,分享每一次小小的成功带来的喜悦。我们围坐一起,各抒己见,最终通过集思广益,找到解决问题的新思路。在团队合作中,我学会倾听与沟通的艺术。每个人都有其独特的视角和价值,尊重并学习他人的长处,可以在艰苦的道路上探寻出一条不一样的路径。在压力下保持冷静,在紧迫中保持高效,这些都是未来职业生涯中宝贵的财富。

青春这条路,是一种历练也是一种态度,去承担对人生意义的叩问和追求,活出充满力量的状态和多姿多彩的存在。青春也是一种对智慧的锤炼,温和而理性,欣赏与尊重,不可回避青春这条路的艰辛，更需要砥砺前行。

研究生阶段的学习与成长，一定是我人生旅途中一段不可磨灭的印记。坚持与勇气，合作与创新，更让我对未来充满了无限的期待。我相信，只要心中有梦，脚下就有路，无论未来走向何方，这段经历都将化为向导，指引我不断前行。

（校对：朱亚强 屈楠）

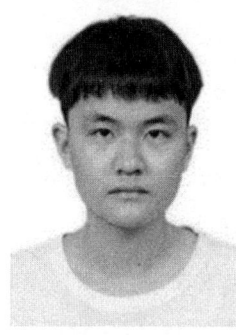

作者简介：刘乙晓，四川巴中人，南开大学环境科学与工程学院 2023 级资源与环境（环境工程）专业硕士研究生，师从为展思辉教授，现任学院研究生会学术科研部部长、2023 级环境工程专硕一班团支书。

绿色梦想，南开情怀

苏芷民

我与这里的初次相遇仍然历历在目。那是一年前一个晴朗的秋天，我第一次走进南开大学的校园，踏入了环境科学与工程学院的大门，走进了这个对我而言崭新的环境。作为一个对自然充满敬畏的青年，我一直希望能为保护地球的生态环境尽一份微薄的力量。当我走进学院大门，看到了刻在墙上的学院发展史，内心的那份热情再次被激发了起来。环境问题永远不仅仅是在学术领域层面被提及，它更是一个关系到全球、社会与每个个体未来的重大问题。在这种情感的驱动下，我暗暗下定决心，在这片学术沃土上，汲取知识的甘露，付出汗水与努力，争取为实现环境的可持续发展贡献一份绵薄力量。

作为一个初入学界的新人，进入这里后，我才真正感受到，学术研究不仅仅是理论的思索，更是实践中的不懈努力。环境科学与工程学院的每一个角落，都充满了科研的热情与智慧的火花，学院门前停满的单车、走廊上的激情讨论、实验室里严谨细致的操作，无不彰显了每一个南开大学环境人思维的律动与奋斗的青春。一年多的时间，我从曾经实验室最小的师弟也慢慢成长为了师兄，对我而言，每一次实验设计、每一次实验操作、每一次数据分析、每一次与师兄师姐讨论的思维碰撞，都让我不断地收获着成长和进步。我不仅提升了专业能力，更在导师和同学们的帮助下，学会了如何在失败中吸取教训，在挑战中勇敢前行。在这里的一年多时间，每当看到实验室里沉浸在工作中的师生们,我便深刻感受到南开环境人这种求真务实的科研精神,以及对环境保护事业的赤诚与执着。这种精神,不仅深深感染了我,也为我今后的科研道路打下了坚实的基础。

在南开大学的校园里,我不止一次地感受到这里除了学术的熏陶,更有一种浓厚的人文精神和深邃的历史积淀。南开精神,作为南开大学的核心文化之一,注重培养学子的家国情怀与社会责任感。作为南开环境学子,我深知,肩负起环境保护事业的重担,不仅仅是对自己未来的承诺,更是对社会与国家的责任。在这个大家庭里,我学会了如何在面对复杂的环境问题时,既保持理性思维,又不失人文关怀;如何在科学探索的道路上,始终坚持真理、追求卓越。

悠悠绿韵润环境,拳拳期许映学科。在南开大学环境学科成立五十周年的今天,我怀着无比崇敬与感恩的心情,继续在这片绿色的沃土上,追寻我的梦想,与一位又一位的南开环境人携手同行,为实现人与自然和谐共生的美好未来献出独属于南开环境的力量。

(校对:朱亚强 屈楠)

作者简介:苏芷民,男,中共党员,南开大学环境科学与工程学院2023级环境科学专业硕士,师从祝凌燕教授,研究方向为高级氧化。现任南开大学环境科学与工程学院研究生会主席团成员、2023级环境科学硕士生党支部纪律检查委员;曾获"推免生奖学金""优秀学生干部""公能二等奖学金""专项奖学金"等多项荣誉。

微光聚诗 我眼中的南开大学

环境科学与工程学院

姚溢洁

初识，感德才兼备

2023年的酷夏，心中充满着未知与期待，我来到了即将生活三年的地方——南开大学环境科学与工程学院。橘红色的建筑，三字回形院楼，各色各样的实验室。最让我难忘的是在假期第一次学术讲座，还不熟悉会议室所在的我，迷茫地在会议室门口张望。这份迷茫被主持老师捕捉并热心地问自己是不是来听讲座的同学，在自己点点头后主持老师就将我指引了进去。或许这位教授已经忘记了在主持学术会议的某一天拯救了一个硕士生的迷茫，但这份初识的光亮在初入校园之时将温暖我的三年。

羁绊，倾关怀备至

随着时间的推移，我逐渐融入了学院的学习氛围当中，清晨看着保安师傅指挥着一辆一辆的共享单车，夜晚又看着另一个保安师傅穿梭于各个走廊间关闭不必要的灯光。实验室的花草在他们的帮助下顺利地度过了一个温暖而滋润的冬天，让我们的返校回家变得无后顾之忧。盥洗室的饮水机在第一天发现需要换滤芯之后，第二天就不再显示刺眼的红色转而得到的是手中清冽的生命源泉。在迷茫前路规划的时候，有着师兄师姐拍拍肩头告诉自己路在脚下，行则将至。回顾刚到院楼时的左顾右盼，不识一人；到现在的三步一点头，五步一"hello"，不知不觉间就和很多人都产生了联系，而这些联系成为日常的光亮。

依赖，汇众星凝彩

在环境科学与工程学院的求学之旅中，我逐渐领悟到了"依赖"这一词汇背后深邃而丰富的内涵。这种依赖，并非源于软弱或无助，而是对导师及同窗的那份深沉的信任与依托。

回想初入课题组时的自己，面对全新的领域与视角，心中满是迷茫与不安。正是杨雪老师与徐鹤老师肯定与鼓励，如同灯塔般照亮了我前行的道路，让我重拾信心。在科研探索的征途中，我对导师的依赖，既是对智慧与经验的信赖，也是推动我不断前进的力量源泉。

与同门之间的相处，更是让我深切感受到了团队的力量。我们来自五湖四海，因缘际会聚首于此，怀揣着共同的梦想与追求。在日常的学习与研究中，我们相互讨论、分享心得，彼此激励，携手共进。这份深厚的依赖，使我们在面对挑战时不再孤单，而是拥有了并肩作战的勇气与力量。师兄师姐们无私的经验传授与悉心指导，对我而言更是无价之宝，他们的帮助让我少走了许多弯路，也使我在科研的道路上找到了适合自己的步伐，深刻体会到成功的背后是不懈的努力与坚持。

生活中的点滴细节，同样构成了这份依赖不可或缺的一部分。宿舍里的欢声笑语，院楼前盛开的玫瑰花海，这些平凡而又温馨的场景，悄然编织成一张温暖的网，让我在这个陌生的城市中寻得了家一般的归属感。

　　而这种种的依赖与他们的光芒犹如夜空中的繁星点点,各自虽小,却在自己的轨道上熠熠生辉,共同绘制出一幅壮丽璀璨的星空画卷。在我眼中,南开大学环境科学与工程学院便是这样一幅画卷,它承载着每一位师生的光芒与梦想,书写着属于它的史诗。

（校对：朱亚强　屈楠）

作者简介：姚溢洁,中共党员,南开大学环境科学与工程学院2023级环境管理与经济专业硕士研究生。曾获南开大学 2023 学年度"推免生奖学金";南开大学2023—2024学年度"立公类专项奖学金"。

筑梦环境 逐梦未来

袁嘉彤

第一次来到南开大学环境科学与工程学院，是在万物复苏、生机盎然的春天。我漫步在校园的林荫小道上，两旁是郁郁葱葱的树木和竞相绽放的花朵，它们似乎在以它们独有的方式，欢迎着每一位前来参加研究生复试的学子。我怀揣着对未来的无限憧憬与梦想，站在学院楼前，心中交织着紧张与期待，幸好我很幸运地被录取了，我的求学之路也在这片充满智慧与希望的土地上开始萌芽。

再次步入南开，是在金秋九月，我正式入学，校园里的银杏叶金黄一片，仿佛预示着新的开始和无限可能。在这里，我不仅学习到了深厚的专业知识，也深刻领悟到了"允公允能，日新月异"这一校训的内涵。从本科的初步接触，到研究生阶段的深入钻研，每一次实验、每一篇论文、每一次与导师和同学的讨论，都让我对环境工程这个专业有了更加深刻地理解和认识。环境学院以其雄厚的师资力量、先进的实验条件和严谨的学术氛围，为学生搭建了一个理想的成长平台。

实验室，更是我科研生活的"第二家园"。自从与导师确定方向后，从最初的文献调研，到材料的筛选与制备，再到材料性能的优化与机理探究，每一步都充满挑战。尤其是在第一次制备材料时，我由于经验不足，对实验仪器的使用也不是很熟练，加上实验条件要求比较严格，连续进行好几次实验都以失败告终。当时心里还是有一些挫败感的，不过我也明白，科研的道路上没有一帆风顺的，所以我与导师和师兄师姐们反复讨论，不断调整实验方案。终于，在一次次的尝试后，我们成功制备出了目标材料，那一刻的喜悦与成就感，至今仍让我记忆犹新。

学院不仅重视学生科研能力的培养，还积极为学生搭建学术交流的平台。我有幸参与了多次国内外学术会议和研讨会，聆听不同领域、不同方向的杰出学者分享他们的前沿研究成果。这些经历极大地拓宽了我的学术视野，也让我体会到科研不仅是孤独的探索，更是团队的合作与智慧的共享。除此之外，学校和学院精心策划并积极举办丰富多彩的文体活动，让我们在紧张而充实的科研生活之余，能够得到充分的放松。

在南开大学环境学院的学习经历，将会是我人生中一段珍贵的旅程。它不仅增加了我的专业知识储备，提升了我的实验操作能力与分析解决问题的能力，也让我更加坚定了在环境事业上的使命感与责任感。作为一名研二学生，我会认真地对待自己的课题，以严谨求实的态度对待科研。未来，我希望能够将自己的研究成果应用于实际，为解决环境污染问题贡献一份力量。同时，我也期待能够用自己的所学，为环保教育和公众意识的提升尽一份绵薄之力。无论身处何方，南开的精神与环境学院的培养都将成为我继续前行的动力源泉。

（校对：朱亚强　屈楠）

作者简介：袁嘉彤，南开大学环境科学与工程学院环境工程专业2023级硕士研究生，师从于宏兵教授。现任南开大学环境科学与工程学院研究生会综合办公部部长，组织及参与了多项志愿活动。未来，我将努力在环境污染治理与可持续发展领域贡献自己的绵薄之力，以实际行动向学科五十载华诞致敬。

回馈与成长：我的志愿故事

朱吴斌

今年是南开大学环境学科成立五十周年。作为环境科学与工程学院的一员，我感到无比自豪，同时也深感肩上的责任重大。今年，我以志愿者的身份参与了学院的多个活动，从毕业集市到会议服务，从迎接新生到仓库清理。这些经历不仅让我更深刻地了解学院的发展历程，也让我对"奉献、友爱、互助、进步"的志愿服务精神有了更深的理解。

在服务中传递热情：会议志愿者经历

学期伊始，我参加了学院组织的第14届环境毒理学与化学学会亚太国际会议，担任志愿者。这是一次面向全球的高规格学术交流活动，学院邀请了众多专家学者。我主要负责签到工作和志愿者管理工作。在会议期间，我看到了学术讨论的激烈碰撞，也体会到了细致服务的重要性。

（摄于 2024 年 9 月第 14 届环境毒理学与化学学会亚太国际会议）

通过这次经历，我学会了如何更好地与人沟通，也深刻体会到了学院在国际学术界的影响力，这让我对自己的专业有了更多的信心和期待。

在积累中见证历史：十年仓库清理

十月金秋，我参与了学院仓库的清理工作。这是学院十年以来首次对仓库进行系统清理。进入仓库时，堆积的物资和厚厚的灰尘让大家一度不知从何下手，但在老师的带领下，我们分工明确，很快理清了物资分类。清理的过程中，我发现了许多学院历史发展的"宝藏"，比如早期的活动物资和陈旧的档案资料。这让我更深刻地感受到学院五十年的发展历程，也激励我思考作为新一代的学生，我们该如何传承并创新。

当清理工作完成，仓库变得整洁有序时，那种成就感溢于言表。这次活动让我体会到了团队合作的重要性，也让我更加珍惜学院给予我们的资源。

在送别与迎接中传递温暖：毕业跳蚤市场和新生入学报到

我参与了学院组织的毕业跳蚤市场活动和新生入学报到工作。这是两项意义深远的志愿活动，分别见证了毕业生对学院的不舍离别和新生对研究生生涯的期待启程。

在毕业跳蚤市场活动中，我和其他志愿者负责布置场地、引导人流和维护秩序。这是毕业生们离开母校前的一次温暖告别。在活动现场，毕业生们将自己的书籍、学习资料和生活用品摆放整齐，耐心地向低年级同学介绍每一件物品的用途。作为志愿者，我在这场离别的温情中，看到了学院五十年来积淀下的深厚情谊。

与毕业生的惜别不同，新生入学报到是迎接充满希望的朝阳。作为志愿者，我负责从接待新生和家长，到分发物料，再到答疑解惑等各项工作。记得有一位新生因缺少报到文件而无法完成整个流程，我主动联系相关负责老师，为他协调安排。当陪同她完成整个报到流程时，她感激地向我道谢，那一瞬间我感到真正实现了帮助他人的价值。

这两个活动在时间和意义上相互交织，既让我见证了老生离别时的深情厚谊，也让我感受到新生到来时的无限可能。毕业生带走的是对学院的深切眷恋，而新生带来的是对未来的无限憧憬。我深知自己所做的不仅仅是一次服务，更是以实际行动成为学院发展历程中的一部分。我也希望，在未来的日子里，能够以更加积极的姿态，为学院的传承与进步贡献自己的力量。

在细节中保障权益：志愿服务时长录入

我不仅参与了实际工作，还承担了志愿者服务时长的统计与录入任务。这项工作看似琐碎，却直接关系到每位志愿者的权益保障。我与研究生会的同学一起严格核对每一次志愿活动的参与名单，确保时长统计的准确性。学院的志愿服务活动丰富，时长统计任务量很大，但每一次录入数据时，我都感到充实和欣慰。通过这项工作，我意识到，作为青年志愿者的一员，不仅要主动参与，也要维护团队的整体利益，这同样是一种责任与担当。

回首过去，展望未来：在奉献中成长

这一年来的志愿活动让我感受到了什么是责任与担当。我不仅学会了如何服务他人，也更加理解了学科五十年的发展历程对我们学生的重要意义。五十年是一个里程碑，更是一个新的起点。我期待在学科与学院未来的发展中，能以更加多元的形式贡献自己的力量。

最后，衷心祝贺南开大学环境学科成立五十周年，愿学院在未来的岁月里继续蓬勃发展，为祖国的环境事业培养更多栋梁之材！

（校对：朱亚强 屈楠）

作者简介：朱昊斌，南开大学环境科学与工程学院2023级环境科学专业硕士研究生，师从冯银厂教授。现任南开大学环境科学与工程学院研究生会主席团成员，热爱志愿服务，在学习之余积极参加各种学院、学校组织的各种志愿服务活动。

向下扎根，向上生长；
向后回望，向前奋进

樊 秀

成立于微时，成长于盛世，南开大学环境学科迎来了 50 周年的辉煌时刻。这是我成为环境学子的第六年，何其有幸见证这个历史性时刻。纵使耳边充斥着"生化环材，四大天坑"的消极评价，但在"坑中"的我，看到的是绿水青山，国泰民安。环境人与一场关乎人类未来的伟大事业互利共生，因它而起，也成就于它。

一、向下扎根——夯实基础，传承精髓

"扎根"二字，意味着根基的重要性。环境学科作为一门相对年轻的学科，其发展离不开科学理论的引领和技术创新的推动。而扎根于扎实的学术理论基础，才能为学科的进步提供源源不断的动力。

回望我自己在学习过程中，从最初接触环境科学的基础知识，到逐渐深入理解环境问题的复杂性与技术解决方案的多样性，体会最深的便是这门学科对于基础知识的深耕。从水污染治理的物理化学原理，到大气污染控制的动力学研究，再到固废资源化技术的多学科交叉，环境学科的每一项技术背后，都是严密的理论支撑。

二、向上生长——追求卓越，不断创新

"向上生长"代表着创新与突破。这五十年来，环境科学与工程学院不仅秉承着扎实的学术基础，更不断推动学科创新，追求卓越。环境学科的每一次进步，都伴随着科研人员不懈地探索和技术创新。

我有幸在学院的创新氛围中成长。从碳排放减少到循环经济，从环境监测到气候变化，环境学科的发展路径已不再局限于传统的污染治理，更要面对全球环境问题的全面挑战。因此，在过去五十年的发展中，不断拓宽学科的研究领域，推动技术创新和科研成果的转化。学科教育如同阳光，照耀着成长中的我，我张开怀抱汲取每一缕阳光，并按自己的方式将其转化为向上生长的力量，成为更优秀的自己，更称职的环境人。

三、向后回望——接力传承，汲取力量

"回望"是为了不忘过去，继承与发扬先辈们的精神。五十年的积淀，铸就了学院深厚的文化底蕴和科学传统。从最初的单一学科发展，到如今多学科交叉的环境科学与工程学院，我们看到了时代变革中科学研究的巨大进步。

回望学院的历程，不难发现，正是无数代教职工和学生的共同努力，推动了环境学科从无到有、从弱到强的飞跃。很多优秀的校友和前辈在这片沃土上深耕细作，贡献出了他们的智慧和力量。作为新时代的学子，我们不仅要继承这份责任，更要通过自己的努力与行动，将这种精神发扬光大，让环境学科继续焕发出新的生机与活力。

四、向前迈进——展望未来，使命担当

"向前迈进"是对未来的召唤，是对责任与使命的担当。如今，全球正面临着严峻的环境挑战——气候变化、生态破坏、资源短缺……这些问题不仅是时代的课题，更是我们这一代人的责任。面对日益严峻的全球环境形势，我们更要勇于担当，敢于创新。我们要通过更为先进的技术、更加高效的管理方法、更加广泛的国际合作，为实现绿色发展、推动可持续发展贡献自己的力量。

在五十周年里，我们不仅回顾过去的辉煌，更应展望未来的挑战。作为新时代的环境工程师，我们不仅要在学术研究中走得更远，还要在实际工作中走得更稳。未来的道路充满不确定性，但只要我们不断创新、不断突破，就一定能够应对未来的挑战，推动环境学科迈向更加辉煌的明天。

五十年，是一段历程；五十年，是一份责任；五十年，也是一个崭新的起点。站在新的历史起点上，我们要继续"向下扎根"，扎实基础，深入科研；要"向上生长"，勇于创新，突破自我；要"向后回望"，传承经典，汲取力量；要"向前迈进"，勇担时代责任，以行动践行"把论文写在祖国大地上"的誓言。

（校对：朱亚强 屈楠）

作者简介：樊秀，中共党员，南开大学环境科学与工程学院2023级环境工程专业硕士研究生，在《ACS催化》（ACS catalysis）（11.7）、《化学工程杂志》（Chemical Engineering Journal）（13.4）等高水平期刊分别发表一篇文章，荣获南开大学公能奖学金一等奖。

一则致环境的故事

王榕菲

南开大学环境科学与工程学院，作为中国环境教育和研究的重要基地之一，自创立以来承载了无数学子的梦想与追求。三年前，我同其他环境学子一样，怀着懵懂和期待踏入了学院楼大门。那时我并不知道，眼前这栋坐落在芳芳草木间的建筑即将在我的成长生涯中留下怎样浓墨重彩的一笔。

初次接触"环境"，是在大一报名参与的"绿野仙踪"活动里。学长学姐对我们热情的指引缓解了初见时略显尴尬的无所适从，那时的学院，在我的印象里是温暖的。下学期军训时，学院领导和老师们对四连的探望、带来的充沛补给物资，让我感到学院蕴含着无限人文关怀与底蕴。

大一分流后，我真正感受到了环境的学术氛围。教授们严谨治学的态度，同学们勤奋好学的精神，都使我敬佩。我震惊地发现，老师们都是怀揣着对环境无与伦比的热忱在跨越阻碍，不断前行，一个人投身于真正热爱的事业中原来是会发光的。

在这里，我不仅学习到了环境工程的知识，更学会了如何将理论与实践相结合，解决实际问题。在学院的实验室里，我参与了多个实验项目，从膜分离技术到水质污染治理检测，每一个项目都让我对环境工程有了更深刻的理解。还记得进行大创项目时，团队为解决一个复杂的膜处理问题，连续几个星期都在实验室里加班加点，最终成功找到了解决方案。那一刻，所有的疲惫都化作了蜜糖般的成就感。

在南开大学环境科学与工程学院，我同样见证了学院的快速发展和变化。随着环境学科的发展，学院的实验设备也不断更新换代。学院还与国内外多所高校和研究机构建立了合作关系，为学生提供了更广阔的学术交流平台。我有幸参与了学院组织的国际学术交流活动，倾听来自世界各地的学者共同探讨环境问题。这些经历不仅拓宽了我的视野，也让我更加坚定了投身环境保护事业的决心。

我相信，学院未来的路途一定是光明灿烂的。面对日益严峻的全球环境问题，环境技术的重要性愈发凸显，我相信学院必将继续发挥其在环境领域的引领作用，培养出更多优秀的环境科学人才。同时，我无比期待学院能够进一步加强与产业界的合作，将科研成果转化为实际的环保技术，为解决环境问题提供更多的解决方案；我也期望学院能够继续扩大国际合作，让中国的环保理念和实践走向世界。对于我个人而言，我希望能够将在南开大学环境科学与工程学院学到的知识和技能，应用到实际工作中，为保护我们的环境贡献自己的力量。我相信，通过我们不断地努力，我们生存的星球将会变得更加美好。

南开大学环境科学与工程学院不仅是一个学术殿堂，更是一个梦想起航的地方。在这里，我们学习知识，增长见识，更学会了责任与担当。未来，无论我们身在何处，学院的精神将永远伴随着我们，激励我们为环境保护事业不懈奋斗。

这段故事，既是我个人的回忆与感悟，也是对环境学院风雨历程的见证与体验，更是对学院未来的展望和期待。愿我们都能以南开大学环境科学与工程学院为荣，共同为创造一个更加绿色、可持续的世界而努力。

（校对：朱亚强　屈楠）

作者简介：王榕菲，南开大学环境科学与工程学院2022级环境工程专业本科生。2023年从理科试验班分流至本专业，曾获水务杯、志愿服务奖学金等奖项。

我与我

张阳阳

  哐当哐当,"前方到站,天津站,请下车的旅客做好下车准备"。经过二十几个小时,怀着疲惫,欣喜的心情,我又一次来到了离家两千公里的天津,不同于五年前的走马观花,这一次,我怀着憧憬踏上了求学之路。

  温暖的阳光穿过树叶,在道路上留下斑驳的影;轻柔的清风掠过湖面,在柳叶上印下微醺的唇。渐渐地,喧闹声与车轮声交织着,打破了这片宁静。顺着路标,我来到了环境科学与工程学院,报到时写下了自己的想法。在学长学姐的引领下,我完成了新生报到和寝室内务的整理。随即便开始了对大学的探索之旅。

  丰富多彩的大学生活中最先迎面而来的就是漫长的军训。与一些学院相比,我们八十几人的队伍规模就显得较小了;但是,其中感受到的温馨的氛围并未因此减弱。回望过去,军训已结束许久,可是那一幅幅画面如同电影中的特写镜头,深深地印刻在我的脑海当中,是那"搏风抗雨,脚踏万里,环境精英,展翅雄鹰"的豪迈气势;是那烈日炎炎下院领导亲切的慰问;是那一遍又一遍"格斗术,准备!"的练习。那一段段回忆如透明的保险柜一样,清晰却无法触摸,藏在休息时间大家的欢声笑语里;藏在拉练路程"八百里奔袭"的意气风发里;藏在成果展示每个人踌躇满志的眼神动作里。是的,我感受到了,感受到了同学之间的互帮互助,感受到了学院的亲切关怀,集体荣誉感也得到了培养,而军训的意义也在一次次回忆中不断加深。

虽是漫长,却也是收获颇丰。大学的探索之路总是充满着未知与挫折,但是那一座座灯塔驱散了迷雾,照亮了前方的道路。

第一次听讲座时,因不了解而未能签到。辅导员了解后说:没事,就当作大学的一个小教训吧。是啊,新的阶段总会有不懂的地方,都会有盲区,重要的是学会承担和弥补。

军训过后,学院更是为我们配备了成长导师和班导师。在面对多样化,应接不暇的大学生活时,我感到困难,似乎我更喜欢中学阶段有目标性的努力。我尝试着与成长导师交流,导师亲切的话语让我焦虑纠结的情绪得到缓解,也渐渐理解了一个新的生活态度:大胆试错。我开始明白,书本知识是大学生活重要的一部分,但绝不是全部,还需要借助大学的平台去大胆地试错;成功自然值得喝彩,可失败又何尝不是一种难忘的经历呢?在与成长导师、班导师和其他环境领域的人聊起社会对环境专业的评价时,大家都有自己的看法,可有一个观点是统一的:没有完美无瑕的专业,只有不断进步的人才,每个学科都有着它独特的魅力,这正是每个辛勤耕耘的人所追求的信仰。

随着时间的流逝,我对大学生活越来越熟悉,也感觉有一种东西在指引着自己不断前进。渐渐地,我发现,我变了。

当看到学院用奔跑迎接校庆时,我只是想着"我想试试",就尽力地跑下了从来不敢想象的 10.5km;当了解学院的微话剧时,我只是想着"尽力而为",将最好的制作和表演展示出来;当在新生研讨课进行读书分享时,我只是想着"我要分享",把自己的观点落落大方地表述出来。现在不禁想说,那不是我。但,那不是我吗?

时光荏苒,如白驹过隙;秋去冬来叹时节如流。五十载春秋岁月，环境科学与工程学院有了深厚的底蕴和卓越的成果，而一代代环境人也追寻着心中的信仰，推动环境事业不断前行。而我也渐渐靠近，了解环境。

从我到我，故事伊始，不止于此。

（校对：朱亚强　屈楠）

作者简介：张阳阳，南开大学环境科学与工程学院理科试验班，2024 级本科生。来自贵州铜仁，是原高中第一个来到南开大学的学生。